猪饲料配制

实用技术与配方

于 明 主编　杨荣芳　温 萍　副主编

化学工业出版社

北京·

图书在版编目（CIP）数据

猪饲料配制实用技术与配方/于明主编. —北京：化学
工业出版社，2016.4 （2017.6重印）
ISBN 978-7-122-26338-4

Ⅰ.①猪… Ⅱ.①于… Ⅲ.①猪-饲料-配制②猪-饲
料-配方 Ⅳ.①S828.5

中国版本图书馆 CIP 数据核字（2016）第 032676 号

责任编辑：彭爱铭　　　　　　　文字编辑：李　瑾
责任校对：边　涛　　　　　　　装帧设计：张　辉

出版发行：化学工业出版社（北京市东城区青年湖南街 13 号　邮政编码 100011）
印　　刷：北京云浩印刷有限责任公司
装　　订：三河市骏发装订厂
850mm×1168mm　1/32　印张 6¾　字数 180 千字
2017 年 6 月北京第 1 版第 2 次印刷

购书咨询：010-64518888（传真：010-64519686）
售后服务：010-64518899
网　　址：http://www.cip.com.cn
凡购买本书，如有缺损质量问题，本社销售中心负责调换。

定　　价：25.00 元

前　　言

　　养殖业是周期短、见效快的产业之一，猪作为主要家畜之一，具有饲养方便、简易等优点。我国是养猪大国，生猪的存栏量巨大，全球约50%的猪在我国饲养。我国生猪养殖分布广泛，经营者数量巨大，饲养规模不断扩大。生猪养殖已成为我国农村经济的重要组成部分，养殖业收入已经成为农业最重要的收入来源之一。

　　在影响养猪生产成本的众多因素中，饲料成本是最重要的因素，占到70%。运用科学的饲料配制技术，不仅提高了饲料转化率，更重要的是为养殖户节约了养殖成本，大大增加了养殖户的经济效益。尤其是现在饲料原料成本提高，有些原料短缺，更使饲料生产者着力开发新的饲料原料和研究提高饲料消化率和转化率的措施。

　　我国的养殖业与发达国家相比，生产效率和产品品质方面仍存在很大差距。而且有的畜禽产品的药物残留超标，不仅影响我国消费者健康，也妨碍了出口创汇。而且消费者也越来越关心养殖业对环境的污染问题，所以，健康、可持续的养殖，提高产品质量刻不容缓。生产安全、健康、环保饲料是饲料企业发展的必由之路。

　　饲料配方是根据动物的营养需要、生理特点、饲料的营养价值、饲料原料的现状及价格等，科学合理地确定各种饲料原料的配合比例。配方是饲料生产的核心技术，也是动物营养学与饲养有机结合的结晶与媒介。

　　本书分为四个部分，第一部分介绍了猪体化学成分及消化生理特点的知识，让人们了解猪体生长规律和其不同阶段的生理特点；第二部分介绍了猪饲料中主要饲料原料的营养含量及饲喂特点；第三部分介绍了营养物质在猪体内的代谢过程；第四部分详细介绍了猪饲料配制的过程，并列举和收集了不同生长阶段猪的饲料配方。

全书文字通俗易懂，内容实用，是一本猪场和养殖户都适用的参考书。

本书由辽宁农业职业技术学院于明担任主编，杨荣芳、温萍担任副主编，程波、万玲参编。

由于编写时间仓促，书中疏漏之处在所难免，敬请专家和读者批评指正。

编者

2015 年 11 月

目　　录

第一章 猪体化学成分及消化生理特点

第一节 猪体化学成分

猪体的化学成分随着品种、年龄、体重、营养状况的不同而异。随着猪体组织及体重的生长，猪体的化学成分呈规律性变化，即随体重和年龄的增长，水分、蛋白质、灰分含量下降而脂肪迅速增加，随脂肪量的增加猪油中饱和脂肪酸的含量也会相对增加，而不饱和脂肪酸减少（适时屠宰）。

一、水分

猪体内水分含量随年龄的增加而大幅度降低。初生仔猪的体内水分含量最高可达90%，成年猪体内水占55%～75%，随着体重的增加，含水量下降，体重达100kg时，水分占到50%。动物体内水分随年龄增长而大幅度降低的主要原因是体脂肪的增加。猪从体重8kg至100kg，水分从73%下降到50%，脂肪则从6%上升到36%。由此可见动物体内水分和脂肪的消长关系十分明显。

二、有机物质

蛋白质和脂肪是猪体内两种重要的有机物质，碳水化合物含量极少。

蛋白质是构成动物体各组织器官重要的组成成分。动物体内各种酶、抗体、内外分泌物、色素以及对动物有机体起消化、代谢、保护作用的一些特殊物质多为蛋白质。动物体内的蛋白质是由各种氨基酸按一定顺序排列构成的真蛋白质。

与其他动物相比，猪体脂肪储量最高，牛、羊次之，鸡、兔、鱼等体内脂肪储量较少。脂肪的含量与营养水平、采食量密切相关。同一种动物用高营养水平，特别是高能量水平饲喂，体脂的储量则高。动物随年龄和体重的增加，体脂肪和水分含量呈显著负相关（$r=-0.89$）。动物生产上分割脂肪组织含脂肪 $30\% \sim 90\%$。分割肌肉组织含脂肪较少，如猪的肌肉组织含脂肪约 20%。

动物体内碳水化合物含量少于 1%，主要以肝糖原和肌糖原形式存在。肝糖原约占肝鲜重的 $2\% \sim 8\%$，总糖原的 15%。肌糖原约占肌肉鲜重的 $0.5\% \sim 1\%$，总糖原的 80%。其他组织中糖原约占 5%。葡萄糖是重要的营养性单糖，肝、肾是体内葡萄糖的储存库。

三、灰分（矿物质）

动物体内灰分主要由各种矿物质组成，其中 Ca、P 占 $65\% \sim 75\%$。90% 以上的 Ca、约 80% 的 P 和 70% 的 Mg 分布在动物骨骼和牙齿中，其余 Ca、P、Mg 则分布于软组织和体液中。

除以上矿物元素外，含量仅为动物体十万分之几至千万分之几的 Fe、Cu、Zn、Mn、Co、Se、Mo、F、Cr、Ni、V、Sn、St、As 等元素，是动物必需的微量元素。Ba、Cd、Sr、Br 等元素是否必需，尚无定论。另外还有一些元素在动物体内存在，但其生理作用还不了解，它们是动物体内所必需的还是因环境污染而进入动物体内的，尚待进一步研究。

猪体内的化学成分见表 1-1。

表 1-1　猪体内的化学成分　　　　单位：%

体重/kg	水分	蛋白质	脂肪	灰分	无脂样本			无脂干物质	
					水分	蛋白质	灰分	蛋白质	灰分
8	73	17	6	3.4	78.2	18.2	3.6	83.3	16.7
30	60	13	24	2.5	79.5	17.2	3.3	84.3	15.7
100	49	12	36	2.6	77	18.9	4.1	82.4	17.6

四、动物活体成分的估计

根据动物活体成分构成规律，动物总体重＝水分重＋脂肪重＋脱脂干物质重。水分与脂肪含量呈显著负相关。脱水和脱脂干物质中，蛋白质和灰分含量又相对稳定。因此估计动物的活体成分只需要测出体脂肪或水分含量，即可估测活体其他成分。有人认为用相对密度法可以测定动物活体脂肪含量；用各种染料或氧化氘或氧化氚等作标记物，静脉注射，然后测定该化合物在动物体内的稀释量，由此估计动物体内水分含量。

五、猪体组织的化学成分变化规律

从幼猪全身化学成分变化比例看，水和脂肪变化最大，猪体一生中亦是水和脂肪的比例变化最大。水分随年龄的增长而相对减少；脂肪随年龄的增加而逐渐增多，蛋白质（肌肉）稍降低；矿物质（骨骼）略降。从增重成分看，年龄越大，则增重部分所含水分愈少，脂肪愈多。蛋白质与矿物质在胚胎期与生后最初几个月增长很快，以后随年龄增长而渐减，但其含量在体重45kg（或4月龄）以后趋于稳定，而脂肪则迅速增长。同时，随着脂肪量的增加，饱和脂肪酸的含量也增加，而不饱和脂肪酸含量逐渐减少（表1-2）。从表1-2可见，水分和脂肪是变化较大的成分，如果去掉干物质中的脂肪，蛋白质和矿物质的比例变化不大，比较稳定。

表 1-2　猪体化学成分

天数或重量	猪数/头	水分/%	脂肪/%	蛋白质/%	灰分/%	去脂干物质	
						蛋白质/%	矿物质/%
初生	3	7.95	2.45	16.25	4.06	80.00	19.99
25天	5	70.67	9.74	16.56	3.06	84.40	15.60
45kg	60	66.76	16.16	14.94	3.12	82.72	17.28
68kg	6	56.07	29.08	14.03	2.85	83.12	16.88
90kg	12	53.99	28.54	14.48	2.66	84.48	15.52
114kg	40	51.28	32.14	13.37	2.75	82.94	17.06
136kg	10	42.48	42.64	11.63	2.06	84.95	15.05

从生长肥育猪体重 20～100kg 阶段的平均化学成分变化（图 1-1）可见，活体增重除了蛋白质与脂肪外，还包括矿物质、水分和消化道内容物。蛋白质、矿物质和水分可统称为非体脂。有人指出，非体脂也与猪的性别、体重有关，阉猪最少，公猪最多，母猪居中；年龄愈幼愈多。蛋白质增多，则是由于体内水分减少而非体脂和蛋白质的比例缩小。生长猪当体组织水分下降，则部分由脂肪取代。实际上活猪的蛋白质含量是相当稳定的，即便是极肥的猪，也很少低于 14.5％，最瘦的也不超过 17.5％。肉用型猪的蛋白质成分在活重 20kg 时约为 15％，增重到 100kg 时，其蛋白质稳定在 16％。消化道内容物约占活重的 5％。

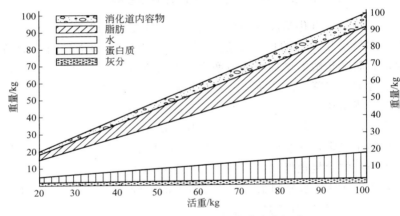

图 1-1　不同活重猪体的化学成分组成

综上所述，猪的肥育过程与生长过程总的变化规律和生长曲线基本相似，只是在时间、速度和增长组织成分上有些不同。肥育猪生长时缩短了各个组织部位的生长发育时间，脂肪组织增长加快加多。主要特点是水分大幅度减少，脂肪组织大幅度增加，而且两者交叉消长。为了达到预期的肥育效果，我们必须了解这些规律，因为这是组织好猪的饲养管理和肥育时重要的指导依据。掌握这些规律，主动而有效地加以利用，根据不同生长发育阶段和营养需要的特点，采用科学的饲养方式，就能不断提高养猪的生产水平。

第二节　猪体生长规律

猪肉的生长实际上是来自于猪的肌肉等组织的生长发育，猪生长发育的基本规律与猪肉生产的关系密切，所以了解猪体的生长规律非常必要。

生长是极其复杂的生命现象，从物理的角度看，生长是动物体尺的增长和体重的增加；从生理的角度看，则是机体细胞的增殖和增大，组织器官的发育和功能的日趋完善；从生物化学的角度看，生长又是机体化学成分，即蛋白质、脂肪、矿物质和水分等的积累。

最佳的生长体现在动物有一个正常的生长速度和成年动物具有功能健全的器官。为了取得最佳的生长效果，必须供给动物一定数量且营养成分比例适宜的饲粮。

肥育是指肉用畜禽生长后期经强化饲养而使瘦肉和脂肪快速沉积。目前，人们对瘦肉的需求日益增加，生长肥育不但要有高的生长速度，而且要减少脂肪的沉积量。为达此目的，肥育期往往限制增重过快。

一、生长的测定

通过对猪生长发育过程中生长速度和强度变化的观察与测定，可以从不同角度认识猪的生长规律，以便合理地进行猪肉生产。以下介绍几种生长发育速度和强度指标概念。

（1）累积生长　是指猪被测定以前生长发育的累积结果。猪的累积生长曲线呈现典型的 S 形曲线。

（2）绝对生长　是指在一定时间内某一指标的净增长量，显示某个时期猪生长发育的绝对速度。

（3）相对生长　绝对生长只反映生长速度，并没有反映生长强度。为了表示生长发育的强度，就需要用相对生长速度来表示。相对生长一般是指某一时间内绝对增长量占基础生长的百分比。

二、产肉性能指标

肉品生产的目标组织（肌肉、骨骼和脂肪等）的生长发育特点及其与猪机体整体发育相互制约，这些特点在实际应用中以产肉性能指标来衡量。

（1）经济早熟性　指猪在一定的饲养条件下，能早期达到一定体重的能力。通常以达到适宜屠宰体重时的日龄作为经济早熟性的指标。目前，商品肉猪强调早期生长快、饲料利用效率高，如瘦肉型猪6月龄体重应达到90kg。

（2）增重　一般用日增重表示，指断奶至屠宰时饲养期的平均每日增重量，是产肉力的一项重要指标。因日增重受结束体重大小的影响，个体间比较日增重大小时，应当以达到相同体重进行计算。日增重还可按生长阶段分别计算和比较。

（3）饲料转化效率　用每单位增重的饲料消耗量表示时，也叫料重比，计算公式为：

料重比＝生长肥育期所消耗饲料量/生长肥育期内的体增重

每千克饲料所转化的产品量称为产品转换率，计算公式为：

产品转换率＝生长肥育期增重/生长肥育期耗料量

料重比越小，产品转换率越高，饲料利用率也越高；反之，饲料利用率低，猪肉成本高。

（4）屠宰率　指胴体占宰前空腹重的百分比。猪的屠宰率一般为75%左右。

（5）瘦肉率　指瘦肉（肌肉）占胴体的百分比，是反映产肉力和胴体品质的重要指标，是猪的常用指标。我国地方猪种瘦肉率一般在40%~50%之间，而良种瘦肉型猪在60%以上，杂交商品猪在55%左右。

（6）肥度　指肉猪的肥胖程度。肉猪可通过测定膘厚来判断，常用一点膘厚和三点膘厚均值这两个指标，前者指第六与第七胸椎连接处的背膘厚度，后者指背部、腰部和臀部三点背膘厚的平均值。

（7）肉品质　评定肉品质的指标很多，主要包括肉的颜色、嫩度、保水性能（系水力）、肌肉脂肪含量（大理石状）、肉味和 pH 值等。

三、生长的基本规律

在猪生长发育全过程中，根据自身生理特点可划分为胚胎期和生后期两大时期。这两个时期还可分别进一步划分为若干不同发育阶段。

（一）胚胎期

从受精卵到出生为胚胎期，是猪生长发育中细胞分化最强烈的时期。受精卵经过细胞数目增加的急剧发育过程，至出生时形成具有完整组织器官的有机体。胚胎期的不同阶段生长发育强度差别很大，猪胚胎期前期、中期和后期的增重占出生重量的比例分别为0.90%、26.10% 和 73.00%。

胚胎期组织器官的形成和进一步发育，为生后的生长奠定了基础，但受品种、胎次、母猪体重及多产性影响。胎儿的初生重和生理成熟度不同，直接影响到生后仔猪的成活率和生长发育。

1. 初生重

初生重大小是影响生后生长发育的重要因素之一。据试验，猪的初生重和双月龄断奶重二者之间呈高度正相关。Ross Cutlter 观察了 2193 头仔猪发现，初生重低的仔猪不仅断奶前日增重低，而且直到屠宰前日增重都低于出生体重大者（图 1-2）。

2. 生理成熟度

这里指仔畜刚出生时自身生理功能的完善程度。妊娠期较短的猪，生理成熟度最差，生后适应性和消化吸收功能不健全，抗病力差，易发病，需要一个较长的过渡期，然后才转入正常的生理状态。所以，生理成熟度差的仔猪，生活力也较差，环境条件对其早期生长发育影响较大。

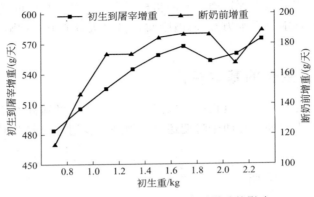

图 1-2　初生重对断奶和屠宰时增重的影响

(二) 生后期

可进一步划分为哺乳期、育成期、青年期和成年期 4 个阶段。

1. 哺乳期

指出生到断奶这段时间。该期是幼猪由依赖母猪到独立生活的过渡期。哺乳前期，幼猪以母乳为主要营养来源，养分全面，相对生长强度大，增重较快，但受生理功能尚不健全的影响，需要严格的护理，母猪的泌乳量也决定着幼猪生长发育的好坏。哺乳后期，生理功能和机体代谢增强，受母猪影响变化小，加强幼猪的饲养管理是促进增重的关键。

2. 育成期

从断奶到性成熟为育成期。此期各组织器官发育最快，消化吸收功能最强，食量不断增加，骨骼和肌肉生长最快，绝对生长量随年龄增加而提高，表现为体躯增大，是猪肉生产最重要的阶段，此阶段屠宰的肉猪胴体的肉质最好。

3. 青年期

指由性成熟到生理成熟时期。机体生长发育接近成熟，体躯基本定型，各组织的结构和机能完善，绝对增重达到高峰。随后的增重强度则呈下降趋势，而脂肪沉积量增加。

4. 成年期

从生理成熟到开始衰老为成年期。此期猪的生理机能已完全成熟，生产性能达高峰阶段，体重基本保持恒定，在摄入养分过剩的情况下，体脂沉积加快。成年期结束后便是衰老期到来，直到个体生命终结。

四、生长肥育猪的生长发育规律

养猪生产包括 2 个不可分割的部分，种猪生产和肥育猪生产。就整个养猪生产而言，肥育是最后一个重要的生产环节，不仅关系到市场供应，而且对经济效益有重要的影响，也是发展养猪的最终目的。利用生长阶段不外乎两个目的，一是生产商品猪，这是大量的；二是培育后备猪。商品猪主要是从断奶到 90kg 屠宰的肉猪。饲养这类猪的目的，就是要用最少的饲料和劳动，在尽可能短的时间内，生产出数量多、质量优且成本低的猪肉。因此，不仅要求提高猪的日增重，尽快达到适宜屠宰体重，提高出栏率、出栏体重和屠宰率，而且要求提高猪的增重效益，即提高饲料利用率。同时采用先进的科学技术，提高饲养管理水平，改进肥育技术措施，降低猪肥育期的脂肪沉积量，改变其胴体品质，提高瘦肉率，以满足人民肉食和外贸的需要，这是饲养肥育猪的根本任务。

（一）生长速度的变化

生长速度是指整体与时间的关系。生长肥育猪的绝对生长即生长速度，以平均日增重来度量，日增重与时间的关系呈钟形曲线（图 1-3）。生长肥育猪的生长速度先是增快（加速度生长期），到达最大生长速度（拐点或转折点）后降低（减速生长期），转折点发生在成年体重的 40% 左右，相当于母猪的初配年龄或肥育猪的适宜屠宰期。根据生产实践，猪大约于体重达到 90～100kg 前（猪在 6 月龄以前）增长速度最快，生长速度最快，这个阶段饲料利用率也最高，但也因遗传类型和饲养条件的不同而异。

生长肥育猪的生长强度可用相对生长来表示。年龄（或体重）

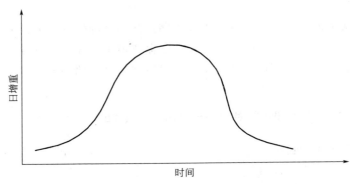

图 1-3　生长肥育猪的体重增长

越小，生长强度越大，随着年龄（或体重）增长，相对生长速度逐渐减慢（表 1-3）。

表 1-3　不同体重的猪对饲料消耗、利用率及增重的测定

活重/(kg/头)	日增重/(g/头)	日耗料量/(kg/头)	料肉比
10	383	1.9	2.50
22.5	544	2.9	2.67
45	726	4.8	3.30
62.5	816	6	3.78
90	816	7	4.17
110	816	7.5	4.61

　　在正常的饲养管理条件下，绝对增重随年龄的增长而增加，其相对生长速度则随年龄的增长而降低，到了成年时即稳定在一定的水平上。这说明猪的年龄越小，增重速度越快；猪的日龄越大，绝对增重越高。因此，加强肥育猪前期的培育条件，提高前期的生长速度，是节约饲料和缩短饲养期的关键。

（二）猪体各部位与体组织增长规律

　　猪在生长发育期间，各组织生长率不同，致使身体各部位生长

早晚的顺序不一和体形随年龄出现变化，这些变化是由 2 个生长波引起的。猪生长波是从颅骨开始，向下伸向颜面部，向后移转到腰部；次生长波是由四肢下部开始，向上移行至躯干和腰部。2 个生长波在腰部汇合。因此，仔猪出生时头和四肢相对较大，躯干短而浅，后腿发育很差。随着年龄和体重的增长，体高和身长首先增加，而后是深度和宽度增加。腰部则是最高生长速度表现最迟的部分，也是身体上最晚熟的部位（图 1-4）。总之，从体形部位的变化看，增长最快的是头、腿，其次是体长，最后才是体深和体宽。

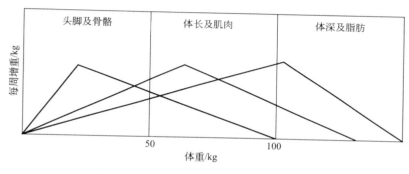

图 1-4　不同生长时期猪体各部位增长比较

猪体内骨骼、肌肉、脂肪、皮的生长顺序和强度是不平衡的，随着年龄的增长，其顺序有先有后，强度有大有小，生长速度有快有慢。虽然骨骼、肌肉、脂肪的增长与沉积遵循一定规律，但在不同时期和不同阶段各有侧重。骨骼是体组织的支架，最先发育，也是最先停止，肌肉居中，而脂肪是晚熟组织。幼龄沉积脂肪不多，后期加快，能量浓度越高，脂肪沉积越多，直到成年。一般情况下，生长肥育猪 20～30kg 为骨骼生长高峰期，60～70kg 为肌肉生长高峰期，90～110kg 为脂肪蓄积旺盛期（图 1-5）。

肥育猪体脂肪主要是储积在腹腔、皮下和肌肉间的中性脂肪。以沉积迟早来看，一般以腹腔中沉积脂肪最早，皮下次之，肌肉间最晚；以沉积数量来看，腹腔脂肪最多，皮下次之，肌肉间最少；以沉积脂肪速度而言，腹腔内脂肪沉积最快，肌肉间次之，皮下脂

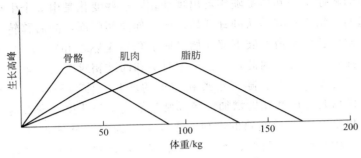

图 1-5　骨、肉、脂生长高峰期

肪最慢。腹腔脂肪又分为花油（肠周及网膜储积的脂肪）和板油（肾周脂肪和内腔及腹壁所储积的脂肪），储积的顺序为先花油、后板油。皮下脂肪的储积强度也不一致，一般先从肩部开始，以背腰部为中心，由躯干的背上部再前后推移到整个背部。头部及四肢的皮下脂肪沉积的速度最迟。肌肉的脂肪储积顺序是肌纤维束到肌纤维间，最后才是肌纤维内。皮肤的生长基本上随体重的增加而维持均衡的生长速度。

　　因此，我国群众中流传着"小猪长骨，中猪长肉，大猪长油"的说法，基本上是对猪体各组织生长规律的概括。虽然不同品种出现了强度上的差异，但基本上呈现以上顺序规律。如脂肪型的猪成熟较早，各组织的强烈生长期也来得早，一般活重在75kg时已经肥满，脂肪和肌肉的比例已达到了屠宰适期；而腌肉型在同样体重时身体还在生长，蛋白质仍在进行较大的沉积，脂肪的比例较小。当然，生长强度与营养水平关系很大，营养水平低，生长强度小；营养水平高，生长强度大（图1-6）。

　　瘦肉型猪的体组织生长强度有与脂肪型或腌肉型区别较明显的特性。以大白猪为例，皮肤的增长强度不大，高峰出现在1月龄以前，以后就比较平稳；骨骼从2月龄左右开始到3月龄（活重30～40kg）是强烈生长时期，强度大于皮肤；肌肉的强烈生长从3～4月龄（50kg左右）开始，并较脂肪型和兼用型猪种维持更长时间，直至100kg才明显减弱；在4～5月龄（体重70～80kg）以后脂肪

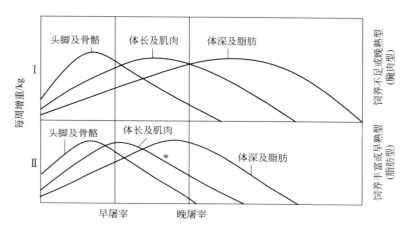

图 1-6　不同类型和营养水平的猪体各部位增长强度

增长强度明显提高，并逐步超过肌肉的增长强度，体内脂肪开始大量沉积（图 1-7）。

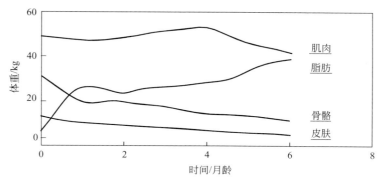

图 1-7　大白猪体组织的生长发育变化

　　瘦肉型猪种肌肉的生长期延长，脂肪沉积延迟，骨骼生长、肌肉生长、脂肪沉积的三个高峰期之间的间隔拉大。营养水平低时生长强度小，而营养水平高时生长强度大。

　　对养猪生产者来说，认识猪体各组织的生长发育规律非常重要，因为可以按照其规律创造适应某个阶段、某些组织生长发育所需要的营养条件，促进某些组织的生长发育，能够在一定程度上提高猪的瘦肉率，达到人们所期望的肥育猪的肥育效果。

根据以上生长发育规律，在肥育猪生长期（活重 60～70kg 以前）应给予高营养水平的饲粮，要注意饲粮中矿物质和必需氨基酸的供应，以促进骨骼和肌肉的快速发育；到肥育期（60～70kg 以后）则要适当限饲，特别是控制能量饲料在日粮中的比例，以抑制体内脂肪沉积，提高胴体瘦肉率。

五、影响生长的因素

动物的生长速度和生长内容物受动物品种（品系）、性别、营养、初生重、环境等多种因素的影响。

（一）动物品种、性别

动物品种及性别是影响生长的内在因素。猪品种间存在明显差异，不同时代及不同类型猪的体脂和瘦肉增长随年龄的变化而变化。现代瘦肉型猪在达到屠宰体重以前，瘦肉的日沉积量都超过脂肪；而 20 世纪 40 年代的猪，体重达 60kg 左右瘦肉的日沉积量就开始下降，70kg 左右脂肪日沉积量超过瘦肉，与目前我国某些地方猪种类似。在同样饲养情况下，幼公猪最瘦，母猪次之，阉猪最肥。

（二）营养

饲粮蛋白质、氨基酸与能量的比例不当对生长有影响。生长前期，蛋白质、氨基酸比例偏低对生长速度影响较大，动物越小影响越严重，尤其是瘦肉型猪。例如，对于 20～45kg 的猪，当饲粮能量水平分别为维持基本生存的 2.5 倍和 3.6 倍，赖氨酸水平从 0.2％上升到 1％时，日增重和胴体蛋白质日沉积量随赖氨酸水平的增加而增加，直到满足最大需要后，才缓慢下降；而能量水平只影响变化的幅度，对变化的规律无明显影响；每千克增重耗料和胴体脂肪沉积的变化规律与日增重和蛋白质沉积相反，受能量的影响也较小。

（三）环境

温度、湿度、气流、饲养密度（每个动物所占面积和空间）及空气清洁度也影响生长的速度和内容。

1. 温度

温度对动物生长的影响较大，过高过低都将降低蛋白质和脂肪的沉积而使生长速度下降。高温对肥育畜禽的影响大，而低温对幼小的畜禽影响大。有资料表明，有效温度比临界温度下限每低1℃，仔猪（10kg）每天将多耗料5g；对于50kg体重猪，有效温度超过临界温度上限1℃，采食量将减少5%，增重降低7.5%。有关温度的影响在营养与环境一章中将做详细讨论。

2. 湿度、气流、密度及空气清洁度

随着集约化饲养业的发展，畜舍的空气湿度、清洁度、流速、每个动物占有面积和空间的大小也成为影响动物生长速度和健康的重要因素。据调查，如果在超过最适面积基础上增加圈养猪头数，每增加一头，采食量可减少1.2%，日增重下降0.95%。

（四）母体效应

母体效应主要表现在对初生重及日后生长的影响。动物初生重明显影响出生后的生长速度，这主要表现在多胎和头胎动物。对于多胎动物，每胎产仔的个数越多，初生体重越小。初产母畜产仔的平均个体重也较经产母畜轻。表 1-4 是国外仔猪初生重对死亡率和整个生长肥育期生长速度（日增重）的影响。初生重越小，死亡率越高，28 日龄和以后的日增重越低。初生重与死亡率呈高度负相关，与日增重呈正相关。但国内本地猪的初生重一般在 1kg 左右是正常的。品种、窝产仔数和母体营养状况均可影响初生重。母畜哺育能力、带仔头数、体况、泌乳力、健康状况均影响出生后幼畜的生长速度。

表 1-4　仔猪初生重对死亡率及日后增重速度的影响

初生重 /kg	死亡率 /%	出生至 28 日龄	28 日龄至 20kg	20～100kg	
				限食	任食
0.4～0.7	100～55	—	—	—	—
0.4～0.8	64	139	362	—	—
0.4～0.9	49	148	323	—	—
0.4～1.0	44	156	368	615	—
0.4～1.1	35	168	373	613	698
0.4～1.2	16	185	395	639	704
0.4～1.3	15	188	405	650	726
0.4～1.4	14	200	412	683	720
0.4～1.5	17	220	415	685	747
0.4～1.6		221	432	716	744
0.4～1.7		245	407	689	
0.4～1.8	7	240	410	706	
0.4～1.9		266	453	—	—
0.4～2.0		271	450	—	—

注：引自 G. Burgstaller，1985。

第三节　猪的消化生理特点

食物中的营养物质主要有蛋白质、脂肪、碳水化合物、水、无机盐和维生素等，其中水、无机盐和维生素的结构比较简单，可以直接被机体吸收利用，而蛋白质、脂肪和碳水化合物一般都是大分子物质，结构复杂，不能直接被动物利用，它们必须先经消化器官分解为简单的小分子，才能被吸收利用。食物在消化道内的这种分解过程就叫消化。食物经过消化后，通过消化道壁的黏膜进入血液循环的过程叫作吸收。消化和吸收是两个密切联系的过程，完整的消化概念包括这两个过程。营养物质的消化和吸收主要在胃、小肠、胰及肝脏中进行。消化系统的容量、酶的分泌能力、小肠黏膜的吸收能力等影响动物的消化吸收能力。

食物在消化道内有三种消化方式，即物理性消化、化学性消化和微生物消化。物理性消化即机械性消化，在消化中发挥着重要作用，是指各段消化道通过收缩运动，包括咀嚼、吞咽和胃肠的运动等，将大块的食物磨碎，分裂为小块，增加食物与消化液的接触面积，有利于进一步消化；同时，由于胃肠的收缩运动，使已消化的营养物质能与消化道壁紧密接触，有利于消化产物的吸收。化学性消化主要指消化液含有的消化酶对食物的消化作用。动物的消化液包括唾液、胃液、肠液、胰液和胆汁等，其中除胆汁外都含有消化酶。这些消化酶都是水解酶类，可将结构复杂的大分子物质水解为简单的小分子物质，如蛋白质水解为氨基酸，碳水化合物（主要是淀粉）水解为单糖（主要是葡萄糖），脂肪水解为脂肪酸和甘油等。微生物消化是指消化道内的微生物参与的消化作用，对草食家畜特别重要。在猪的大肠内也存在微生物，并参与食物的消化过程。三种消化作用是互相联系、同时进行的。

一、消化器官的构成

猪的消化器官由一条长的消化道和与其相连的一些消化腺组成。消化道起始于口腔，向后依次为咽、食管、胃、小肠（包括十二指肠、空肠和回肠）、大肠（包括盲肠、结肠和直肠），最后终止于肛门。消化腺包括唾液腺以及肝、胰和消化道壁上的小腺体。消化腺合成消化酶，分泌消化液，经导管输送到消化道内，促使饲料中的蛋白质、脂肪和糖类发生水解作用。

猪消化器官的解剖结构随个体生长而发生变化。在出生时，猪的消化器官已形成，但重量和容积都很小，结构和机能也不够完善。哺乳期间猪消化器官的生长发育最为迅速。猪消化器官的发育过程与其他组织器官一样，受遗传、固有的生物学特性、内分泌调节及环境变化等多种因素的影响。消化系统各器官的容积和重量随年龄与体重变化的情况，以及消化器官的长度和容积比例分别见表1-5和表1-6。

表 1-5　不同体重猪消化器官的重量和容积

体重/kg	胃重/g	胃体积/L	小肠重/g	小肠体积/L	小肠长度/cm	大肠重/g	大肠体积/L	大肠长度cm
1	4.5	0.025	40	0.1	3.8	10	0.04	0.8
32	360	2.5	1180	10.7	18.0	714	6.6	4.3
103	754	3.4	1530	14.1	18.8	1280	10.1	5.0
270	1430	12.7	1998	22.6	22.9	2790	25.6	7.5

注：摘自许梓荣，1994。

表 1-6　成年猪消化器官的体积和长度

器官	绝对长度/m	相对长度/%	绝对体积/L	相对体积/%
胃	—		8.00	29.2
小肠	18.29	77.9	9.20	33.5
盲肠	0.23	0.9	1.55	5.6
结肠和直肠	4.99	21.2	8.70	31.7
总和	23.51	100	27.45	100

注：摘自许梓荣，1994。

二、仔猪的消化生理特点

仔猪的消化器官在胚胎期已经形成，但结构和机能都不完善，随着仔猪的生长发育，其消化机能逐渐成熟。从胚胎到出生再到断奶的整个过程中，仔猪经历了营养、心理和环境三大方面的应激。胚胎期生存环境稳定，出生时发生从恒温环境到变温环境，从无菌水生的胎盘到有菌陆生的猪舍，从靠脐带被动吸收养分到靠消化道主动吸收等一系列变化；断奶时又要经历离开母亲，从吸吮母乳转为采食配合饲料，以及环境条件改变等引起的所谓断奶应激。养猪生产中，应充分考虑到仔猪的消化生理特点及其发育规律，分析饲养和环境因素对仔猪消化功能发育的影响，合理地进行仔猪的饲养管理和日粮配制。

1. 唾液分泌的特点

初生仔猪即有唾液分泌，但其中的唾液淀粉酶活性较低。仔猪的唾液分泌量、干物质和含氮量均随年龄增长而增加，尤其断奶后转为采食植物性饲料时更为显著，同时唾液淀粉酶的活性也显著增加。

2. 胃消化的特点

仔猪出生后消化器官和消化机能的发育，还要经历一段时间才能达到成熟和完善的程度。在达到成熟之前，仔猪胃内的消化具有一些突出的特点，如胃液分泌量、胃酸、胃液中的消化酶等均与成年猪有较大差异。仔猪对母猪乳汁中各种养分的消化能力很强。仔猪出生后36h内，胃肠黏膜上皮能够以"吞饮"的方式，直接吸收完整的免疫球蛋白，从而获得后天免疫能力。

3. 肠内消化的特点

在胃液缺乏盐酸的年龄性机能不全期，仔猪胃内的消化作用很小，食物主要在小肠内靠胰液和肠液消化；年龄渐渐增长，胃的消化机能逐渐完善，对饲料的消化作用才较为重要。

仔猪胰腺在出生时已发育完全，并能分泌一定数量的碱性胰液，其中的消化酶也具有较高的活性。初生仔猪肠腺已能旺盛地分泌肠液，其中的淀粉酶和乳糖酶活性较高。初生仔猪虽有胆汁分泌，但分泌量很少，出生后3周内胆汁分泌量缓慢增加。胆汁中的胆酸盐是胰脂肪酶的激活剂，并能乳化脂肪、促进食物中脂肪的分解和吸收。随着年龄增长，胆汁的分泌量增加，从而促进脂肪消化率的增加。

4. 仔猪消化酶的发育规律

消化酶酶系（种类和数量）和肠道形态在很大程度上反映了仔猪对各种养分的消化能力。哺乳期仔猪凝乳酶、脂肪酶和乳糖酶活性相对较高，适合于对母乳进行消化，对母乳中各种养分的真消化率接近100%。断奶后淀粉酶、胰蛋白酶和脂肪酶活性升高，有利于消化植物性饲料中的各种养分。

胃蛋白酶和胃脂肪酶分泌能力的发育过程与乳成分的变化密切相关。胃蛋白酶的合成在胚胎中后期就已开始，仔猪出生后3~4周内胃底腺区黏膜胃凝乳酶原和胃蛋白酶B原为胃中蛋白水解酶中的优势酶，它有利于对乳的消化。之后，胃蛋白酶 A 原和胃亚蛋白酶原成为优势酶。Lindemann 等（1986）对 4 周龄（断奶）到 6 周龄的仔猪消化酶的发育做了系统的研究，结果表明，胃蛋白酶的活性随年龄增长呈线性增加，并且胃黏膜的重量也有相似的变化；在仔猪出生后前 2 周，胃蛋白酶的活性很低，以后迅速增加。糜蛋白酶的活性随年龄增长呈线性增加，到 4 周龄时活性达到出生时的 17 倍。胃脂肪酶的总活性只有胰脂肪酶的 3%，但是吮乳仔猪乳中 25%～50% 的脂肪是在胃中消化的（Chiang 等，1989）。胃脂肪酶对乳中脂肪的消化作用有待进一步研究认识。胰酶首先在内质网的核糖体内合成，然后在移向高尔基体时被膜包围成酶或酶原颗粒，每个酶原颗粒中都含有一整套胰酶。吮乳仔猪从出生至 3～5 周龄胰蛋白酶活性保持稳定，此后明显增加。胰凝乳酶是哺乳期仔猪胰腺蛋白水解酶中的优势酶，在 0～4 周龄呈线性上升。胰脂肪酶和肠脂肪酶的活性随年龄增长而增加，在 4 周龄时达到高峰；在仔猪哺乳前，胰脂肪酶的活性很低，哺乳后活性迅速增加。断奶前乳糖酶是肠道中的优势酶，其活性在初生时就很高，1～8 周龄的吮乳仔猪乳糖酶总活性仍保持稳定。胰腺和小肠中淀粉酶活性在 0～4 周龄增加。小肠中麦芽糖酶和蔗糖酶活性在初生时很低或没有，而在 1～3 周龄时增加，3～4 周龄后活性已经较高并持续升高至 8 周龄，这种变化趋势表明，仔猪碳水化合物消化酶的种类和数量从消化高乳糖的母乳为主，逐步向消化淀粉类日粮为主的方向转化。

　　断奶会对仔猪胃酸分泌和各种酶活发育过程产生阻碍作用，影响程度与断奶日龄密切相关。断奶后 12h 内食糜中胃蛋白酶出现明显蓄积，随后降低，直至 50 日龄前明显回升，但胃黏膜中胃蛋白酶活性降低幅度较小（或不降低）（Lindemann 等，1986）。胃脂肪酶活性在断奶时增加（Jensen 等，1997）。断奶时大多数胰酶活性会降低，至少 2～4 周后才恢复到或超过断奶前水平，胰酶活性降低的幅度及恢复所需的时间与断奶日龄有关。

三、生长肥育猪的消化生理特点

根据肥育猪的生理特点和发育规律，可按猪的体重将其生长过程划分为两个阶段，即生长期和肥育期。

1. 生长期

体重 20~60kg 为生长期。此阶段猪的机体各组织、器官的生长发育功能不很完善，尤其是刚刚 20kg 体重的猪，其消化系统的功能较弱，消化液中某些有效成分不能满足猪的需要，影响了营养物质的吸收和利用，并且此时猪只胃的容积较小，神经系统和机体对外界环境的抵抗力也正处于逐步完善阶段。这个阶段主要是骨骼和肌肉的生长，而脂肪的增长比较缓慢。

2. 肥育期

体重 60kg 至出栏为肥育期。此阶段猪的各器官、系统的功能都逐渐完善，尤其是消化系统有了很大发展，对各种饲料的消化吸收能力都有很大改善；神经系统和机体对外界的抵抗力也逐步提高，逐渐能够快速适应周围温度、湿度等环境因素的变化。此阶段猪的脂肪组织生长旺盛，肌肉和骨骼的生长较为缓慢。

第四节　猪的采食与采食量

一、采食

采食具有年龄特征，它与猪的生长和健康密切相关。猪除睡眠外，大部分的时间都会用来觅食，猪生来就具有拱土的本能，拱土觅食是猪采食行为的一个显著特征。猪的采食行为主要表现如下。

1. 吃食具有选择性

特别喜爱吃甜食（如哺乳仔猪喜爱甜食，故用低浓度的糖精溶液可以增加其食欲，改变饲粮适口性）。颗粒料和粉料相比，猪爱吃颗粒料；干湿料相比，猪爱吃湿料，且采食花费的时间也少。

2. 采食频率和次数

猪在白天的采食次数（6～8 次）比夜间（1～3 次）多。群饲的猪比单喂的猪吃得快、吃得多，增重也较快。猪的采食量较大，但猪的采食总是有节制，所以猪很少因饱食而致死亡。

3. 饮水

在多数情况下，饮水和采食同时进行，吃干料的猪每次采食后需立即饮水，且在任意采食时，猪饮水和采食交替进行，直到满意为止。

二、采食量

采食量通常是指动物在 24h 内采食饲料的重量。采食量有随意采食量、实际采食量。

1. 随意采食量

随意采食量是单个动物或动物群体在自由接触饲料的条件下，一定时间内采食饲料的重量。随意采食量是动物在自然条件下采食行为的反映，是动物的本能。

2. 实际采食量

是在实际生产中，一定时间内动物实际采食饲料的总量。

随意采食量和实际采食量二者既有区别，又有联系。随意采食量是动物的本能，一般随动物日龄或体重增长而增加。实际采食量可能与随意采食量相同，也可能存在一些差异，这取决于动物自由接触饲料的程度和方式。在自由采食时，实际采食量一般与随意采食量相近，不可能大大超过随意采食量，除非采取强饲，如生产鹅肥肝时，采用强饲，可使鹅实际采食量远大于随意采食量。生产中，人们基于各种原因而控制动物自由接触饲料，因而，实际采食量往往低于随意采食量。实际生产中，供给动物饲料时，既要使动物的实际采食量符合动物的生理需求，又可通过人为的控制，在一定范围内调控采食量以达到一定的生产目的。

饲养标准或动物营养需要量中给出的采食量仅仅是定额，系根据动物营养原理和大量动物实验结果而确定的理论值，是动物不同生产阶段的平均采食量。该定额不等同于实际采食量。

三、采食量的意义

1. 采食量是影响动物生产效率的重要因素

动物采食饲料的多少影响动物的生产水平和饲料转化率。对处于生长、肥育或产奶的动物，如果能够在不引起健康问题的情况下，维持较高的采食量，动物的生产效率可大大提高。采食量太低，饲料有效能用于维持的比例增大，用于生产的比例降低，饲料转化率下降；适当提高采食量，可增加用于生产的比例，饲料转化率提高。

有时，生产上需要控制动物的采食量，其目的在于降低动物的增重，防止动物过肥（如成年种畜）；降低生产成本（如对空怀母畜或在冬季少用价格昂贵的饲料）；提高畜产品品质（如对肥育猪限饲，以减少脂肪沉积量）；使过肥的宠物减肥等。所以，从经济的角度也必须考虑采食量和生产成本的关系。

2. 采食量是配制动物饲粮的基础

动物具有"为能而食"的本能，能根据饲粮能量浓度调节采食量，但此能力受消化道容积的限制，因此，饲粮配制必须将动物的营养需要与动物的消化道容积结合起来考虑。根据动物对能量和各种养分的需要量及采食量，计算出饲粮的能量浓度和养分浓度，才能恰当地配制饲粮。大多数国家制定的动物营养需要量或饲养标准，常常直接用能量浓度和养分浓度来表示动物的营养需要量。

3. 采食量是合理利用饲料资源的依据

随着人口的增长，谷物用作饲料会越来越少，而农副产品饲料数量则会增加，必须了解饲料类型改变对采食量的影响，才能合理地利用饲料资源。

4. 采食量是合理组织生产的依据

生产者以采食量为依据，便于组织各种原料，既保证资金的合理流动和使用，又保证饲料新鲜，防止因贮存过久发生霉变等而造成损失。

四、影响采食量的因素

(一) 动物因素

1. 遗传因素

采食量是一个低遗传力性状，可通过选择来提高。猪采食量的遗传力约为 0.3，但它与生长速度和瘦肉率相关较大，故在以生长速度和瘦肉率为选择性状时也提高了采食量，这也是猪易过食的主要原因。

2. 生理阶段

动物的生理阶段对采食量的影响机理既与物理调节有关，也与化学调节 (主要是激素分泌的影响) 有关。母畜发情时，一般采食量下降，甚至停止采食。

3. 健康状况

疾病因素也是影响采食量的重要因素。患病和处于亚临床感染的动物常表现出食欲下降。母猪的产后瘫痪是最典型的例证。

4. 感觉系统

味觉对猪采食影响较大。

5. 学习

生产上，可通过在母猪饲粮中添加某种风味剂，使仔猪产生"喜好"，以提高断奶后仔猪的采食量和生产性能。

(二) 饲粮因素

1. 适口性

适口性是一种饲料或饲粮的滋味、香味和质地特性的总和，是动物在觅食、定位和采食过程中动物视觉、嗅觉、触觉和味觉等感觉器官对饲料或饲粮的综合反应。适口性决定饲料被动物接受的程度，与采食量密切相关但又难以定量描述，它通过影响动物的食欲来影响采食量。提高饲粮适口性的措施如下。

(1) 选择适当的原料。

（2）防止饲料氧化酸败　氧化酸败常常在高温、高湿季节产生，使饲料产生异味，适口性下降。添加抗氧化剂能有效防止氧化酸败。

（3）防止饲料霉变　饲料霉变也会降低适口性。有时，其危害甚至比氧化酸败大。添加防霉剂可防止霉菌滋生。

（4）添加风味剂　风味剂常含有甜味剂和香味剂。最早使用的甜味剂有蔗糖、糊精、果糖和乳糖等天然糖类。现在，还使用一些强化甜味剂，如糖精、索马甜（thaumatin）等。糖精甜度为蔗糖的 300 倍，但具有"金属"回味，仔猪对此较敏感。与蔗糖相比，糖精可显著降低仔猪的采食量。将糖精与某些强化甜味剂配合使用，可掩盖糖精的不良味道。猪饲料中常用的香味剂有乳香味、香草味、巧克力味等。

2. 能量浓度

研究表明，动物采食的实质是获取能量。如果没有其他的干扰因素如营养缺乏、疾病等，则动物采食首先是满足能量的需要，即动物具有"为能而食"的本能。因此，饲粮能量浓度是影响采食量的重要因素。

3. 饲粮蛋白质和氨基酸水平

（1）蛋白质　对大多数动物来说，饲粮缺乏蛋白质会降低采食量。因蛋白质缺乏会降低消化酶合成量，并抑制瘤胃细菌的发酵作用，导致体蛋白质分解。饲粮蛋白质水平提高也会降低采食量，其机理可能是由于蛋白质的热增耗高，导致体内温度升高而引起。因此，当动物处于热应激时，降低蛋白质水平，可以缓减热应激对动物生产性能的影响。

（2）氨基酸　饲粮氨基酸的含量和平衡情况会影响动物的采食量。当饲喂氨基酸缺乏程度较小的饲粮时，鸡和大鼠会略微提高采食量以补偿氨基酸的缺乏。但如果饲粮氨基酸严重不平衡、某种氨基酸严重缺乏或过量时，动物的采食量就会急剧下降。

4. 脂肪

饲粮脂肪含量提高会干扰正常瘤胃的功能，大大降低反刍动物的采食量。反刍动物饲粮脂肪含量最高为 10% 左右。单胃动物能够耐受更高水平的饲粮脂肪，但随脂肪水平提高，采食量也会大大下降。除甘油部分外，脂肪分子并不能产生葡萄糖，目前也未发现长链脂肪酸受体。因此，脂肪调控短期采食量的机制尚不清楚。

5. 料添加剂

饲养实验证明，动物饲粮中加入少量抗生素可提高动物（猪、鸡、牛、羊、鱼）采食量 7%～15%。

（三）环境因素

各种造成动物应激的环境因素如拥挤、运输和环境温度等，均会降低动物的采食量。因为应激使动物体内肾上腺素和去甲肾上腺素分泌增加，引起糖原和脂肪分解加速，血糖浓度提高，从而降低采食量。

（四）饲喂技术

正确的饲喂技术能够使动物保持强烈的食欲，以最节省的饲料消耗达到最高的生产水平。

1. 饮水

水是影响采食量的重要因素。只有在饮水得到保证的情况下，动物的采食量才可达到最大。此外，饮水的清洁卫生也很重要。动物会拒绝饮用被粪尿等污染的水源。

2. 饲料形态

与粉料相比，颗粒料可提高采食量。与整粒籽实相比，压扁或破碎可提高采食量。反刍动物，粗饲料磨碎或制粒，可降低或消除反刍，增加食糜通过消化道的速度，降低胃肠道的紧张度，增加采食量。任何降低饲料粉尘的方法均可提高采食量。

3. 饲喂方式和时间

自由采食时动物的采食量高于限饲。少喂勤添可使动物保持较高的食欲，并减少饲料浪费。在环境温度过高时，将饲喂时间改在夜间气温凉爽时，可保持采食量不下降。在人类营养中，通常认为少食多餐比每日 2～3 餐增重较快。仔猪实验发现，饲粮添加风味剂后，14 日龄仔猪在 24h 内的采食频率提高。这可能是饲粮不断地摄入消化道，从而使养分消化吸收达到最佳状态。

4. 饲喂的连续性

母猪妊娠期的采食量不仅影响妊娠期母猪的增重、胎儿的发育，也会影响泌乳期的采食量，从而影响产乳量。因此，应该从全局的观点来决定母猪各阶段的采食量和饲养方式。

此外，需注意，凡增减喂量或变换饲料种类，均应采取逐渐更换的方法，不可骤然打乱采食习惯。否则，轻则引起不安、消化紊乱，便秘或下痢；重则引起胃扩张、肠梗阻甚至死亡。

第二章 常用饲料原料的营养特点、利用与加工

　　我国目前的养猪生产中，8大类饲料都有应用，在集约化、科学配比饲料中，猪饲料的供应主要是精饲料，也就是由能量饲料、蛋白质饲料、矿物质、维生素和饲料添加剂配制而成的配合饲料。大多数饲料原料要经过加工才能使用，饲料加工的目的是为了提高饲料利用率，增加适口性，提高饲料消化率。一般饲料经过合理加工可提高饲料利用率5%～15%或者更高一些。现将主要饲料原料的种类、特性、利用情况及加工方法简述如下。

第一节　能量饲料

　　能量饲料是指干物质中粗纤维含量在18%以下、粗蛋白含量在20%以下的饲料，一般分为谷实类、糠麸类、根茎瓜果类和油脂类等。这类饲料的消化能（猪）在10.46MJ/kg以上，在12.55MJ/kg以上称为高能饲料。

一、谷实类饲料

　　谷实类饲料是禾本科植物的成熟种子，包括玉米、小麦、大麦、高粱、稻谷等。此类饲料含无氮浸出物70%以上，粗纤维含量较低，粗蛋白在8%～12%之间。赖氨酸和蛋氨酸含量较低，脂肪含量变化较大，在1%～6%之间。矿物质中含钙低，含磷高，但大部分属于植酸磷，猪对植酸磷的利用率低。除玉米外其他谷实含胡萝卜素较少，含B族维生素较多。谷实类饲料体积小，能量高，易消化，适口性好。脂肪中不饱和脂肪酸含量高，在肥育后期

使用过多，会导致体脂肪变软，影响胴体品质。用谷实类饲料喂猪，应注意配合蛋白质饲料，添加矿物质饲料。

（一）玉米

目前，在世界范围内，玉米的 70％～75％ 用作饲料，15％～20％ 作为粮食，10％～15％ 作为工业原料。玉米在食品及酿造工业上用途极广，其副产物如酒糟、玉米蛋白粉、玉米胚芽饼等也主要用作饲料。

玉米按品种特点可分为硬粒型、马齿型等；按颜色可分为黄玉米、白玉米和红玉米。饲用以黄玉米为主。

玉米的营养特性主要有脂肪含量高、能量较高、适口性好、消化率高。缺点是蛋白质、矿物质和维生素含量少，且氨基酸不平衡，特别是缺乏赖氨酸和色氨酸；不饱和脂肪酸含量高；易被霉菌污染，破碎玉米脂肪易氧化酸败，应注意将玉米水分含量控制在 13％～14％ 以下，并保证粒的完整性；随储存期的延长，玉米的品质相应变差，特别是脂溶性维生素 A、维生素 E 和色素含量下降，有效能值降低。

玉米不能单纯使用来喂猪，应根据其特点，合理搭配其他饲料或补充优质蛋白质、矿物质和维生素饲料。将玉米炒熟或部分炒熟，对断奶仔猪的饲用效果好于未炒熟的玉米。玉米对肥育猪的饲用效果虽好，但应避免过多饲用，否则猪背膘增厚，瘦肉率下降，甚至产生"黄膘肉"。这种肉的特点是脂肪多、质软、色黄、品质差。喂肥育后期猪时，应适当减少玉米含量，以防猪肉中脂肪变软，影响肉的品质。

主要采用粉碎和炒熟的方法对玉米进行加工处理，粉碎粒度根据猪只大小情况和配制饲料要求进行调整。

（二）高粱

高粱的种类很多，我国国家专业标准《粮食用高粱》将高粱分为食用高粱和其他高粱两类，按容重分为三级。

　　高粱的营养特性与玉米非常相似，高粱的蛋白质含量略高于玉米，但其品质和玉米蛋白质相似，主要是高粱醇溶蛋白，品质较差，缺乏赖氨酸、精氨酸、组氨酸和蛋氨酸，远不能满足畜禽的营养需要。而且研究表明，高粱蛋白质与玉米蛋白质相比，更不易消化。脂肪含量低于玉米，脂肪酸中饱和脂肪酸比玉米稍多，因而脂肪的熔点高。维生素 B_2、维生素 B_6 的含量与玉米相当，泛酸、烟酸、生物素含量高于玉米，但烟酸和生物素的利用率均较低。高粱中含有的主要抗营养物质是单宁。

　　单宁对适口性、养分消化利用率有影响，高单宁高粱在畜禽饲粮中的用量只能用到 10%，而低单宁的饲用高粱可用到 70%。实践中可通过遗传育种、加工及添加特异性酶制剂（SSE）等方法提高高粱的饲喂价值。

　　高粱喂猪的试验表明，当与优质蛋白质饲料（如豆粕）一起饲喂时，高粱的效果与玉米相当；但若与品质较差的蛋白质饲料（如缺乏赖氨酸的花生粕）一起使用时，则高粱效果不如玉米。高粱的价值一般相当于玉米价值的 $95\%\sim97\%$。饲喂高粱的猪胴体瘦肉率高于饲喂玉米的猪。用高粱可取代猪饲粮中 25%（深色高粱）$\sim$ 50%（浅色高粱）玉米，饲养效果良好。在母猪饲粮中，高粱可完全取代饲粮中的玉米。在高粱型母猪饲粮中添加适量赖氨酸、苏氨酸，可取得良好饲养效果。

　　主要采用粉碎的方法对高粱进行加工处理，粉碎粒度根据猪只大小情况和配制饲料要求进行调整。

（三）小麦

　　小麦的营养特性主要有粗纤维含量和玉米相当，粗脂肪含量（约 1.7%）低于玉米，粗蛋白含量居谷实类之首位，一般达 12% 以上，但必需氨基酸尤其是赖氨酸不足，因而小麦蛋白质品质较差。小麦的有效能值也较高，仅次于玉米，其消化能（猪）为 $14.18MJ/kg$。无氮浸出物多，在其干物质中可达 75% 以上。其矿物质含量一般都高于其他谷实，磷、钾等含量较多，但半数以上的磷为无效态的植酸磷。小麦中非淀粉多糖（NSP）含量较多，可达小麦干重的 6% 以上。小麦非淀粉多糖主要是阿拉伯木聚糖，这种多糖不能被动物消化酶消化，而且有黏性，在一定程度上影响小麦的消化率。

小麦的适口性优于玉米，添加以阿拉伯木聚糖酶为主的复合酶可作为猪的能量饲料，不仅能减少饲粮中蛋白质饲料的用量，而且可提高肉质，但应注意小麦的消化能值低于玉米。整粒和碾碎的均好，但磨得过细则不好。在等量取代玉米饲喂肥育猪时，可能因能值低于玉米而降低饲料利用率，但可节约部分蛋白质饲料，并改善屠体品质，防止背膘变厚。

小麦用作肥育猪饲料时，宜磨碎；小麦用作仔猪饲料时，宜粉碎。

（四）稻谷、糙米和碎米

稻谷中所含无氮浸出物在 60% 以上，但粗纤维达 8% 以上，粗纤维主要集中于稻壳中，且半数以上为木质素等。因此，稻壳是稻谷饲用价值的限制成分。稻谷中粗蛋白含量约为 7%～8%，粗蛋白中必需氨基酸如赖氨酸、蛋氨酸、色氨酸等较少。稻谷因含稻壳，有效能值比玉米低得多。糙米中无氮浸出物多，主要是淀粉。糙米中蛋白质含量（8%～9%）及其氨基酸组成与玉米相似。糙米中脂质含量约 2%，其中不饱和脂肪酸比例较高。糙米中灰分含量（约 1.3%）较少，其中钙少磷多，磷仍多以植酸磷形式存在。碎米中养分含量变异很大，如其中粗蛋白含量变动范围为 5%～11%，无氮浸出物含量变动范围为 61%～82%，而粗纤维含量最低仅 0.2%，最高可达 2.7% 以上。因此，用碎米作饲料时，要对其养分进行实测。

稻谷被坚硬外壳包被，稻壳量约占稻谷重的 20%～25%。稻壳含 40% 以上的粗纤维，且半数为木质素，猪、鸡对稻壳的消化率为负值。因此，在生产上一般不提倡直接用稻谷喂猪。不宜用稻谷作仔猪饲料。对架子猪、肥育猪、母猪，可使用稻谷，但须严格控制用量。糙米、碎米、陈米可作为猪的能量饲料，不但饲养效果好而且猪肉品质较好。但变质的陈米不能饲用。

（五）大麦

大麦的营养特性，粗蛋白含量一般为 11% ~ 13%，平均为 12%，且蛋白质量稍优于玉米；无氮浸出物含量（67% ~ 68%）低于玉米，其组成中主要是淀粉；脂质较少（2%左右），甘油三酯为其主要组分（73.3% ~ 79.1%）；有效能量较多，如消化能（猪）为 12.64MJ/kg；大麦中非淀粉多糖（NSP）含量较高，达 10% 以上，其中主要由 β-葡聚糖（33g/kg 干物质）和阿拉伯木聚糖（76g/kg 干物质）组成。单胃动物消化液中不含消化非淀粉多糖的酶，因而不能消化这些成分。正是这个原因，用多量大麦喂仔猪，会引起腹泻。另外，大麦的品质易受麦角病和单宁含量的影响。

大麦不宜用于仔猪，但若是裸大麦或经脱壳、压片及蒸汽处理后则可取代部分玉米饲喂仔猪。以大麦饲喂肥育猪，日增重与玉米相当，但饲料转化率不如玉米；若经脱皮制粒处理，则与玉米有同等价值。猪饲粮中用量以不超过 25% 为宜。由于大麦脂肪含量低，蛋白质含量高，是肥育后期的理想饲料，能获得脂肪白、硬度大、瘦肉多的猪肉。我国著名的"金华火腿"产区，历史上曾将大麦作为养猪必备精料之一。以大麦喂猪时，其第一、第二、第三限制性氨基酸分别是赖氨酸、苏氨酸、组氨酸。在饲粮中，玉米和大麦以 2:1 比例配合，可获得最佳养猪效果。对繁育猪应避免使用大麦，以防麦角毒引起繁殖障碍、流产和无乳。

大麦粗纤维和 NSP 含量较高，但可以通过粉碎、膨化、制粒等方式，并添加专用复合酶制剂以提高大麦饲喂效果，用于猪饲料中替代部分或全部的玉米，对降低饲料成本具有非常重要的意义。对大麦的加工处理方式主要有脱壳、压片和蒸汽处理。

二、糠麸类饲料

谷实经加工后形成的一些副产品，即为糠麸类，包括米糠、小麦麸、大麦麸、玉米糠、高粱糠、谷糠等。糠麸主要由果种皮、外胚乳、糊粉层、胚芽等组成。糠麸成分不仅受原粮种类影响，而且还受原粮加工方法和精度影响。与原粮相比，糠麸中粗蛋白、粗纤维、B族维生素、矿物质等含量较高，但无氮浸出物含量低，故属于一类有效能值较低的饲料。另外，糠麸结构疏松、体积大、容重小、吸水膨胀性强，其中多数对动物有一定的轻泻作用。

（一）小麦麸和次粉

小麦麸和次粉均是小麦加工面粉时的副产物。小麦麸主要由小麦种皮、糊粉层、胚芽和少量次粉组成。小麦精制过程中可得到23%～25%的小麦麸、3%～5%的次粉和0.5%～1%的胚芽。小麦麸和次粉的物理性质有区别，麦麸颜色为淡褐色至红褐色，次粉的颜色从灰白色到淡褐色，主要取决于麸皮所占的比例。颜色深者含麸皮较多。容重也有差别，麦麸容重小，如大麸皮为0.18～0.26kg/L，小细麸为0.32～0.39kg/L，而次粉的容重为0.30～0.54kg/L。颜色越深的次粉，容重越小。

蛋白质含量高（15%～15.5%），但品质较差。维生素含量丰富，特别是富含B族维生素和维生素E，但烟酸利用率仅为35%。矿物质含量丰富，特别是微量元素铁、锰、锌较高，但缺乏钙，磷含量高，且主要是植酸磷。不过已有研究证明，小麦麸存在较高活性的植酸酶。小麦麸的物理结构疏松，含有适量的粗纤维和硫酸盐类，有轻泻作用，可防止便秘。可作为添加剂预混料的载体及稀释剂、吸附剂和发酵饲料的载体。

小麦麸对于所有家畜都是良好的饲料。对于种畜，特别是繁殖家畜在临产前和泌乳期饲喂，更有保健作用；用于肥育猪肥育后期，可调节能量浓度，起到限饲作用。由于小麦麸粗纤维多，难消化，所以不宜用小麦麸作仔猪的饲料。但对生长肥育猪可用小麦麸，一般控制在饲粮 15%～25% 以内。

（二）米糠与脱脂米糠

米糠是糙米精制时产生的果皮、种皮、外胚乳和糊粉层等的混合物。果皮和种皮的全部、外胚乳和糊粉层的部分，合称为米糠。米糠的品质与成分，因糙米精制程度而不同，精制的程度越高，米糠的饲用价值越大。一些小型加工厂则采用由稻谷直接出米的工艺，得到谷壳、碎米和米糠的混合物，称为连槽糠或统糠。一般稻谷精米出米率为 65%～70%，统糠占 30%～35%。统糠属于粗饲料，营养价值较低。生产上也常见到将砻糠和米糠按一定比例混合的糠，如二八糠、三七糠等，其营养价值取决于砻糠的比例。

由于米糠所含脂肪多，易氧化酸败，不能久存，所以常对其脱脂，生产米糠饼（经机榨制得）或米糠粕（经浸提制得）。

国产米糠的蛋白质含量（12.5%）高于玉米，赖氨酸含量（0.55%）高于玉米，但与畜禽需要相比，仍然偏低。米糠含脂肪（平均为 15%）高，最高达 22.4%，且大多属于不饱和脂肪酸，油酸及亚油酸占 79.2%，油中还含有 2%～5% 的维生素 E。米糠的粗纤维含量（11%）不高，所以有效能值较高，位于糠麸类之首。米糠含钙偏低，含磷高，且主要是植酸磷，利用率不高。微量元素中铁、锰丰富，而铜偏低。米糠富含 B 族维生素，而缺少维生素 C、维生素 D。

与米糠相比，脱脂米糠的粗脂肪含量大大减少，特别是米糠粕的脂肪含量仅有 2% 左右，粗纤维、粗蛋白、氨基酸和微量元素均有所提高，而有效能值下降。习惯上常将米糠饼和米糠粕归结为饼粕类饲料，但按国际饲料分类原则，二者仍属于能量饲料。

米糠中含有植酸、含胰蛋白酶抑制因子，含阿拉伯木聚糖、果胶、葡聚糖等非淀粉多糖，还含有生长抑制因子。

米糠是猪很好的能量饲料。新鲜米糠在生长猪饲粮中可用到

$10\%\sim12\%$，用量最多不宜超过 20%。对生长肥育猪长期饲用米糠，可使其脂质变软，肉质下降。仔猪宜少用或不用米糠。

米糠中含胰蛋白酶抑制因子、生长抑制因子，但它们均不耐热，加热可破坏这些抗营养因子，故米糠宜熟喂或制成脱脂米糠后饲喂。米糠中脂肪多，其中的不饱和脂肪酸易氧化酸败，不仅影响米糠的适口性，降低其营养价值，而且还产生有害物质。因此，全脂米糠不能久存，要使用新鲜的米糠，酸败变质的米糠不能饲用。

三、块根、块茎及其加工副产品

块根、块茎及瓜果类饲料有甘薯、马铃薯、木薯、萝卜、胡萝卜、饲用甜菜、芜菁甘蓝、菊芋及南瓜等。它们属于容积大、含水量高的饲料，按干物质计，有效能值与谷实类相等，而且粗纤维和粗蛋白含量低，应归于能量饲料之列。其鲜样被称为稀释的能量饲料。

（一）营养特点

① 最大的特点是鲜样含水量高，一般为 $75\%\sim90\%$；干物质含量少，为 $10\%\sim25\%$。

② 以干物质为基础，无氮浸出物为 $60\%\sim88\%$，其中主要是淀粉，粗纤维占 $3\%\sim10\%$，木质素几乎为零，所以消化率高。

③ 粗蛋白特低，为 $5\%\sim10\%$，且多为非蛋白氮。

④ 矿物质较低，为 $0.8\%\sim1.8\%$，钙、磷缺乏，但钾、氯高。

⑤ 维生素中胡萝卜素高（仅胡萝卜、黄南瓜、红心甘薯），缺乏 B 族维生素。

⑥ 适口性和消化性均较好。

⑦ 以干物质计，有效能值高，属于高能饲料之一。每千克干物质猪的消化能为 $12.55\sim14.46MJ$，鸡的代谢能为 $12.13\sim12.55MJ$，牛的产奶净能为 $8.37\sim9.62MJ$，与谷实类饲料的能值相当。

（二）常用块根、块茎的饲用特性

1. 甘薯

新鲜甘薯多汁，有甜味，畜禽均喜采食，特别对肥育猪，有促进消化、储积脂肪和增加产奶的效果。新鲜甘薯含水分 75.0%，粗蛋白 1.0%，粗脂肪 0.3%，粗纤维 0.9%，无氮浸出物 22.0%，粗灰分 0.8%，钙 0.13%，磷 0.05%。干物质中主要是淀粉，约 88%，每千克猪的消化能为 3.85MJ。鲜甘薯贮存于 13℃ 左右的条件下比较安全，若保存不当，甘薯会发芽、腐烂或出现黑斑。黑斑甘薯味苦，含有毒性酮，牛、羊和小猪吃了患喘息症；大猪吃后也会出现腹痛症状，严重者会死亡。用病甘薯制粉或酿酒后的糟渣也含有毒性酮，不能作为饲料用。将甘薯切片制干是保存的好方法。

新鲜甘薯块是优良的多汁饲料，不论是生或熟，其适口性均佳。其生喂和熟喂的干物质量及能量消化率基本相同，但蛋白质消化率则熟喂比生喂约高 1 倍。动物对生、熟甘薯的消化率有差异，甘薯含有胰蛋白酶抑制因子，熟甘薯的消化率高于生甘薯的消化率。

甘薯不论是生喂还是熟喂，都应将其切碎或切成小块，以免牛、羊、猪等动物发生食道梗塞。甘薯粉体积大，动物食之易产生饱腹感，故应控制其在饲粮中用量；在猪粮中可替代 1/4 的玉米。甘薯藤叶是猪的好饲料，青绿多汁，适口性好，可将其切碎或打浆，拌入糠麸后投喂，但采食过多的甘薯藤叶往往出现拉稀，故应注意控量饲用。

2. 马铃薯

又称土豆、洋芋、地蛋、山药蛋等。我国北方盛产马铃薯，其产量高，营养价值高，是家畜的良好饲料来源。

鲜马铃薯干物质含量 22.0%，粗蛋白 1.6%，粗脂肪 0.7%，粗灰分 0.9%，无氮浸出物 18.7%，其干物质中 80% 左右是淀粉，可作为畜禽的能量饲料，消化性良好，有效能值较高，每千克猪的消化能为 14.77MJ，鸡的代谢能为 13.14MJ，与玉米的有效能值相近。

用马铃薯喂猪，熟喂可提高适口性和消化率，生喂不仅消化率降低，而且还会使生长受阻。饲用马铃薯时，与蛋白质饲料、谷实饲料等混喂效果较好。马铃薯含有龙葵素，采食过多会使家畜患胃肠炎。成熟的块茎含量不多，但当发芽时，龙葵素就会大量生成，一般在块茎青绿色的皮上、芽眼及芽中含量最多。所以，应注意保存，以防其发芽、变绿；若已发芽，饲用时一定要消除皮和芽枝，并进行蒸煮，但蒸煮水不能用来喂家畜。

3. 饲用甜菜

又称甜萝卜，品种很多，按其干物质与糖分含量多少，可分为糖甜菜、半糖甜菜和饲用甜菜三种。糖用甜菜含干物质 20% ~ 25%，但产量较低；饲用甜菜大型种，产量较高，但干物质含量较低，仅为 8% ~ 11%，而含糖只有 5% ~ 11%。

各类甜菜的无氮浸出物中主要是糖分——蔗糖，也有少量的淀粉和果胶物质。饲用甜菜由于水分高，糖分低，每千克猪的消化能为 1.46MJ，干物质消化能为 13.39MJ，与高粱、大麦的有效能值相近。而糖用和半糖用甜菜含有大量蔗糖，故其块茎一般不用作饲料，而是将其制糖后的甜菜渣作饲料。甜菜渣的粗纤维含量较高，鲜样为 2.4% ~ 3.0%，绝干样为 20.0% ~ 24.8%，但其消化率也较高，约 80%。故每千克甜菜渣猪的消化能为 1.13MJ。

刚收获的甜菜不宜马上喂家畜，否则会引起下痢。平时甜菜喂量不宜过大，因其中含有大量有机酸，也会引起家畜腹泻。饲用甜菜也不应单一，若与优质干草混合饲用效果较好。由于甜菜的体积过大，不太适合于仔猪。

4. 木薯

又称树薯，为热带多年生灌木，适应性极强，素有"开荒作物"之称。分为苦味种和甜味种两大类，均含有氢氰酸，其皮含量最高。在苦木薯中含氢氰酸 0.02% ~ 0.03%，而甜木薯中的氢氰酸含量不到 0.01%，不需去毒，干燥后即可饲用，但产量低。

木薯制干可用作配合饲料的原料,因其含有丰富的碳水化合物,有效能值较高。每千克猪的消化能为14.64MJ,所以可与糙米、大麦相媲美。但与甘薯一样,粗蛋白含量低、品质差,各种必需氨基酸含量都较低。在矿物元素中磷、铜、锰的含量均较低,在配料时需补充这些元素,才能充分发挥其作用。

5. 糖蜜

糖蜜为制糖工业副产品,根据制糖原料不同,可将糖蜜分为甘蔗糖蜜、甜菜糖蜜、玉米葡萄糖蜜、柑橘糖蜜、木糖蜜、高粱糖蜜等。糖蜜一般呈黄色或褐色液体,大多数糖蜜具甜味,但柑橘糖蜜略有苦味。

由于糖蜜有甜味,故能掩盖饲粮中其他成分的不良气味,提高饲料的适口性。糖蜜有黏稠性,故能减少饲料加工过程中产生的粉尘,并能作为颗粒饲料的优质黏结剂。糖蜜富含糖分,从而为动物提供了易利用的能源。

糖蜜适口性好,动物喜食,但喂量过多易引起猪软便,故不宜作仔猪的饲料。在生长肥育猪饲粮中用量以10%~20%为宜。

四、油脂和乳清粉

(一)油脂

油脂是油与脂的总称,按照一般习惯,在室温下呈液态的称为"油",呈固态的称为"脂"。随温度的变化,两者的形态可以互变,但其本质不变,它们都是由脂肪酸与甘油所组成。油脂来源于动植物,是家畜重要的营养物质之一,特别是它能提供比其他任何饲料都多的能量,因而就成为配制高热能饲料所不可缺少的原料。

1. 饲料用油脂的分类

天然存在的油脂种类很多,分类方法也不少,根据产品的来源及状态可分为以下几类。

① 动物性油脂。

② 植物性油脂。

③ 海产动物油脂。

④ 饲料级水解油脂。

⑤ 粉末油脂。

2. 油脂的营养特性与添加目的

（1）营养特性

① 油脂是高热能来源。

② 油脂是必需脂肪酸的重要来源之一。

③ 油脂具有额外热能效应。

④ 油脂能促进色素和脂溶性维生素的吸收。

⑤ 油脂的热增耗低，可减轻畜禽热应激。

（2）添加目的　饲料中添加油脂，除了由于油脂具有上述营养特性外，还有以下几点好处。

① 改善饲料适口性，增加采食量。

② 防止产生尘埃。

③ 提高颗粒饲料的生产效率，减少机械磨损。

3. 油脂对于猪的饲用价值

仔猪出生后需要大量的乳脂，因此在母猪临产前和泌乳阶段可在饲料中添加大量油脂（10%～15%），于分娩前 1 周开始喂给，可改善初乳成分，提高初乳的乳脂率和泌乳量，提高仔猪的成活率、断奶窝重和断奶仔猪数。母猪本身也可避免失重，并能提早发情和改善受胎率。

仔猪的人工乳和开食料中，添加适量油脂（5%～10%）可提高饲料热能，还可提高仔猪的增重和抗寒能力，改善饲料的适口性。一般以品质好的豆油效果较好。近年来研究指出，中链甘油三酯（MCT）极易被仔猪机体吸收，是仔猪的速效能源，用于新生仔猪可增强体质，降低仔猪死亡率。

肉猪饲料中添加 3%～5% 的油脂，可提高增重，改善饲料效率。但脂肪添加过多会增加背膘厚度，降低胴体品质，一般肉猪体重达到 60kg 后就不宜再用。但对增重的改善仅在夏季有效。

（二）乳清粉

近几年来，乳清粉广泛应用于仔猪等动物的饲粮中。

1. 乳清粉的营养组成

用牛乳生产工业酪蛋白和酸凝乳干酪的副产物即为乳精，将其脱水干燥便成乳清粉。由于牛乳成分受奶牛品种、季节、饲粮等因素影响及制作乳酪的种类不同，所以乳清粉的成分含量有较大差异。

乳清粉中乳糖含量很高，一般高达 70% 以上，至少也在 65% 以上。正因为如此，乳清粉常被看做是一种糖类物质。乳清粉中含有较多量的蛋白质，主要是 β-乳球蛋白质，其营养价值很高。乳清粉中钙、磷含量较多，且比例合适。乳清粉中缺乏脂溶性维生素，但富含水溶性维生素。例如，乳清中含生物素 $30.4 \sim 34.6\mathrm{mg/kg}$，泛酸 $3.7 \sim 4.0\mathrm{mg/kg}$，维生素 B_{12} $2.3 \sim 2.6\mu\mathrm{g/kg}$。乳清粉中食盐含量高，若动物多量采食乳清粉，往往会引起食盐中毒。乳糖和食盐等矿物质的高含量常是限制乳清粉在动物饲粮中用量的主要因素。

2. 乳清粉的饲用价值

乳清粉主要被用作猪的饲料，尤其是仔猪的能量、蛋白质补充饲料。仔猪在开始饮水时，就可投喂乳清。但在生产实践中，仔猪 8 周龄时才投喂乳清或乳清粉。在仔猪玉米型补料中加 30% 脱脂乳和 10% 乳清粉，饲养效果最好。若乳清粉价格低时，也可将其作为生长肥育猪的饲料，但用量不能过多，以免产生肠胀气。乳清粉在生长猪饲粮中的用量应少于 20%，在肥育猪饲粮中用量宜为 10% 以内。喂超量乳清粉产生肠胀气的原因是乳糖在猪大肠内发酵而产生大量的气体。可用乳清或乳清粉投喂母猪。喂用时，要注意维生素 A、维生素 D、维生素 E 的补充。对妊娠母猪或泌乳母猪，可日喂 $10 \sim 15\mathrm{L}$ 乳清或与其相当的乳清粉。喂量不能过多，否则有肠胀气的危险。

第二节 蛋白质饲料

蛋白质饲料中粗纤维低于18%，粗蛋白大于20%。生产实践中使用的蛋白质饲料有植物性蛋白质饲料、动物性蛋白质饲料、单细胞蛋白质饲料及非蛋白质氮饲料。

一、植物性蛋白质饲料

常用的有大豆及其饼粕、棉籽饼、花生饼、菜籽饼、亚麻饼、葵花饼、玉米蛋白粉、糟渣类等。

（一）饼粕类蛋白质饲料的营养特点

其可消化蛋白质含量达30%～40%，且氨基酸组成较完全。因加工方法不同，粗脂肪含量差别较大。一般压榨生产的饼粕脂肪含量高，约5%左右，而浸提法生产的饼粕脂肪含量低，为1%～2%。无氮浸出物含量少，约占干物质的30%。粗纤维含量与加工时是否带壳有关，不带壳加工，其粗纤维含量仅6%～7%，消化率高。B族维生素含量丰富，胡萝卜素含量少，钙低磷高。

（二）几种常用的饼粕类饲料

1. 大豆及其饼粕

豆饼和豆粕均系大豆取油后的副产物，通常将大豆经压榨法或夯榨法取油后的副产物称为豆饼；而将浸提法或预压浸提法取油后的副产物称为豆粕。压榨法的脱油效率低，饼内常残留4%以上的油脂，可利用能量高，但油脂易酸败。浸提法多用有机溶剂正己烷来脱油，可比压榨法多出4%～5%的油，粕中残油少（1%左右），易于保存。预压浸出法是将提高出油率和饼粕质量结合起来考虑的一种先进工艺，国外通用，国内正在推广使用。

（1）大豆的营养特点

① 大豆含蛋白质高（36.1%～37%），同等级相比，黑大豆的

41

蛋白质含量比黄大豆约高 $1\%\sim2\%$。大豆蛋白主要由球蛋白（约占 84.25%）和清蛋白（约占 5.36%）组成，品质优于谷类蛋白；必需氨基酸含量高，特别是赖氨酸含量高达 2% 以上，但蛋氨酸含量相对较少，是大豆的第一限制性氨基酸。与黄大豆相比，黑大豆的必需氨基酸含量低些，特别是蛋氨酸更显缺乏。

② 大豆粗纤维含量不高，在 4% 左右，比玉米高，与其他谷实类籽实相当。粗脂肪含量高达 $17\%\sim20\%$，因而可利用能值高于玉米，属高能高蛋白质饲料。大豆脂肪酸中约 85% 都是不饱和脂肪酸，亚油酸和亚麻酸的含量较高，营养价值高，且含有一定量（约 $1.8\%\sim3.2\%$）的磷脂（卵磷脂、脑磷脂），具有乳化作用。黑大豆粗纤维含量高于黄大豆，而粗脂肪略低些，因此可利用能值低于黄大豆。

③ 大豆含无氮浸出物仅 26% 左右，其中蔗糖 27%、水苏糖 16%、阿拉伯树胶 18%、半乳聚糖 22%、纤维 18%。低碳糖——水苏糖和棉籽糖的含量因大豆部位、品种不同而异。

④ 大豆粗灰分含量与谷类籽实相似，同样为钙少磷多，且大部分是植酸磷，但钙含量高于玉米。微量元素仅铁的含量较高，特别是黑大豆，但变异很大。

（2）豆饼、豆粕的营养特点　与大豆相比，大豆饼粕中除脂肪含量大大减少外，其他养分并无实质差异，蛋白质和氨基酸含量均相应增加，而有效能值下降，但仍属高能饲料。豆饼和豆粕相比，后者的蛋白质和氨基酸含量略高些，而有效能值略低些。

（3）大豆抗营养因子

① 胰蛋白酶抑制因子　该物质对胰蛋白酶和糜蛋白酶均能产生抑制作用，对多数动物均可引起生长抑制、胰腺肥大和胰腺增生，甚至产生腺瘤。

② 大豆凝集素　大豆凝集素分子量大，难以完整吸收进入血液，引起红细胞凝集，但它仍能引起动物生长抑制，甚至产生其他毒性。

③ 胃肠胀气因子　指大豆中的低碳糖——棉籽糖和水苏糖。

人和动物肠道中缺乏分解二者的酶，当其进入大肠后，被肠道微生物发酵，产生大量的二氧化碳和氢气，少量的甲烷，从而引起肠道胀气，并导致腹痛、腹泻、肠鸣等。胃肠胀气因子耐高温，但可溶于水和80%酒精。

④ 植酸　大豆中含有一定量植酸，会干扰矿物元素和其他养分的消化利用。

⑤ 脲酶　生大豆中脲酶的活性很高，一般来说，脲酶对动物生产性能无影响。但若和尿素等非蛋白氮同时使用，用于饲喂反刍动物，则可能加速尿素的分解而引起氨中毒。脲酶不耐热。

⑥ 大豆抗原　近年来的大量研究表明，断奶仔猪饲粮中的抗原引起肠道短暂过敏反应是断奶后腹泻的决定因素，大豆中存在的抗原物质能引起仔猪肠道过敏以至损伤，进而引起腹泻。

（4）大豆蛋白的饲喂价值

① 生大豆　生大豆在鸡饲料中相当少见，少量使用即可造成下痢及生长抑制，饲喂价值远低于豆粕。在生长肥育猪饲粮中应用，对猪生产性能有较大的影响，与使用大豆饼相比，生长猪的平均日增重和饲料利用率均下降，因此，应避免使用生大豆。

② 大豆饼粕　大豆饼粕对猪的适口性好，营养价值高。在玉米豆粕型饲粮中，蛋白质水平不变，生长肥育猪日增重和饲料转化率随豆粕比例增加、玉米比例降低而提高。以豆粕为唯一蛋白质来源的半纯合饲粮中，添加蛋氨酸可提高猪的生产性能；若同时添加蛋氨酸和赖氨酸或再加上苏氨酸，可进一步提高生产性能，但添加色氨酸却无效。

2. 菜籽饼粕

菜籽饼粕是油菜籽制油后的副产品。油菜可分为四类，即甘蓝型、白菜型、芥菜型和其他型油菜。不同品种的含油量、脂肪酸组成和硫代葡萄糖苷含量不同。我国栽培的品种一般为"双高"品种，即高芥酸（芥酸50%～60%）和高硫代葡萄糖苷品种。目前已培育出"双低"品种，分布在青海、海南、湖北等省。

油菜籽的榨油工艺有动力螺旋压榨、预压浸提、人力螺旋压榨等。

（1）菜籽饼粕的营养特性

① 均含有较高的蛋白质，达 $34\%\sim38\%$ ；氨基酸组成较平衡，含硫氨基酸含量高是其突出特点，且精氨酸含量较低，精氨酸与赖氨酸间较平衡。但赖氨酸含量低，比国外同类产品低 30% 左右，比大豆饼粕低 40% 左右。

② 粗纤维含量较高，影响其有效能值。

③ 含钙较高，磷高于钙，且大部分是植酸磷。微量元素中铁含量丰富，其他矿物质元素含量较少。

（2）抗营养因子

① 硫代葡萄糖苷（GS） 广泛存在于植物中，其种类繁多，已超过 100 种。油菜中的硫代葡萄糖苷（芥子苷）含量因油菜品种不同而异，按含量高低依次是甘蓝型品种、芥菜型品种、白菜型品种，而三者的冬油菜品种均高于春油菜品种。GS 可被酸、碱、金属离子催化分解，也可由硫代葡萄糖苷酶或芥子酶催化分解，该酶存在于油菜中，也可由某些肠道细菌和真菌产生。GS 本身无毒，但其四种降解产物均具有毒性。

a. 噁唑烷硫酮（OZT） 阻碍甲状腺素的合成，使甲状腺素分泌失调，导致甲状腺肿，动物生长缓慢。

b. 异硫氰酸酯（ITC） 具有辛辣味，严重影响菜籽饼粕的适口性，并对黏膜有强烈的刺激作用，可能引起胃肠炎、肾炎及支气管炎，甚至肺水肿；ITC 还能抑制甲状腺滤泡浓集碘的能力，从而导致甲状腺肿大，降低动物生长速度。

c. 硫氰酸酯 和 ITC 一样能引起甲状腺肿大。

d. 腈及丙烯腈 可引起细胞内窒息，抑制动物生长，引起肝肾肿大，其毒性比 ITC 和 OZT 大得多，但它的含量一般较少。

② 芥子碱 具有苦味，导致菜籽饼粕适口性不良，与腥味蛋的产生有关。

③ 植酸 含量在 2% 左右，对养分利用有一定影响。

④ 单宁 国产菜籽饼粕含 0.52% ，高于其他饼粕。具有苦涩

味，易在中性或碱性条件下产生氧化和聚合作用，使菜籽饼粕制品颜色变黑，并有不良气味和干扰蛋白质的消化利用。

（3）饲喂价值 不良成分含量高的品种所制成的菜籽饼粕，适口性较差，严重者甚至具有明显的苦味，用于猪饲料也可引起甲状腺及肝肾肿大，生长率下降 30% 以上，并明显降低母猪的繁殖性能。此类产品母猪应限饲在 3% 以下，肉猪在 5% 以下。

3. 棉籽饼粕及棉籽蛋白

棉籽饼粕是棉籽制油后的副产品。棉花的品种很多，总的可分为有腺体棉和无腺体棉两大类，前者的棉籽仁含有大量棕红色的色素腺体，其中含有棉酚等有毒物质；而无腺体棉的棉籽仁内不含色素腺体，种仁几乎不含棉酚，故又称无酚棉。我国栽培的主要是腺体棉。已培育出不少无酚棉品系，在山东、河南、河北等省区推广。本文所提到的棉籽饼粕未经特别注明均指有腺体棉籽饼粕。

经液—液—固三相萃取脱毒技术制得的棉籽蛋白，脱去棉酚的同时，保护了蛋白质和氨基酸不受破坏，蛋白质含量达 50% 以上，是一种高质量的蛋白质原料。棉籽蛋白主要成分是球蛋白，约 90% 左右；其次是谷蛋白。超速离心可得 2S、7S、12S 三种球蛋白，其中 2S 存在于蛋白质体外面，约占 30%，含硫氨基酸及赖氨酸含量较高。棉籽蛋白的各种必需氨基酸含量均高于棉籽粕的；与大豆相比，也相差不多。采用该工艺制得的棉籽蛋白脱酚彻底，游离棉酚含量可控制在 400mg/kg 以下，有些样品检测结果达到 50mg/kg，有效保证了棉籽蛋白的利用价值。棉籽蛋白中的粗纤维含量大大减少，达到 4% 左右，远远低于棉籽粕的（10% 以上）。这可能是因为该工艺过程剥壳彻底，仁中带壳较少。

（1）棉籽饼粕的营养特性

① 粗纤维 棉籽饼粕的粗纤维含量主要取决于制油过程中棉籽脱壳的程度。从采样分析看，国产棉籽饼粕的粗纤维含量均较高，达到 13.0% 以上，因而有效能值低于大豆饼粕。而夯榨法因棉籽未去壳，粗纤维含量达 22.8%（有的高达 27%），尽管蛋白质

含量达 23.8%，但已不再属于蛋白质饲料，而归为粗饲料，价值有限。

② 粗脂肪 一般棉籽饼的残油率高于棉籽粕，土榨残油率与棉籽饼接近。残油可提高饼粕能量浓度，且是维生素 E 和亚油酸的良好来源，但过高的残油不利于饼粕的储存。

③ 粗蛋白 含量较高，达 34% 以上（棉仁饼粕在 41%~44%，棉籽饼粕 22%）；但氨基酸中，赖氨酸含量较低，为 1.3%~1.5%，只相当于豆饼粕的 50%~60%，蛋氨酸含量亦低，只有 0.36%~0.38%，而精氨酸含量高达 3.67%~4.14%，是饼粕饲料中精氨酸含量较高的饲料。赖氨酸:精氨酸为 100:270 以上，远远超出了赖氨酸和精氨酸的理想比值，容易产生赖氨酸和精氨酸的拮抗作用。

④ 矿物质和维生素 含量与大豆饼粕相似。

(2) 棉籽饼粕中的抗营养因子 棉籽饼粕中存在很多种抗营养因子，最主要的是游离棉酚。

① 游离棉酚 棉酚是存在于棉籽色素腺体中的一种毒素。在有腺体棉籽中，色素腺体重量约占棉仁重量的 2.4%~4.8%，棉酚约占腺体重的 20.6%~39.0%。棉酚按其存在形式可分为游离棉酚（FG）和结合棉酚（BG）两类。前者易溶于油和有机溶剂，后者一般不溶于油和有机溶剂，难以被动物消化吸收，可很快地随粪便排出体外。

② 单宁和植酸 对蛋白质、氨基酸和矿物元素利用及动物生产性能均有一定影响。

(3) 饲喂价值 由于棉籽饼粕含有棉酚，具有一定毒性，且氨基酸和能量利用率低，在利用时应注意以下几点。

① 限量使用 中国农科院畜牧所推荐，未脱毒棉籽饼最高用量为，产蛋鸡 3%、雏鸡和生长鸡 8%~10%、肉鸡 20%，生长肥育猪 10%~30%，奶牛、肉牛不限。

② 脱毒使用 脱毒的方法有硫酸亚铁脱毒、硫酸亚铁和氢氧化钙两段脱毒、膨化脱毒和固态发酵脱毒（微生物脱毒）以及加热

处理等。

③ 平衡饲粮氨基酸。

④ 推广应用低棉酚品种。

4. 花生饼粕

花生饼粕是花生果或花生仁（不带壳）经提取油脂后的产品。花生饼粕的营养价值与其所含的花生壳的比例密切相关。花生壳对猪毫无营养价值，并且还影响其他营养成分的消化、吸收。因此，花生用作猪饲料时应严格清除花生壳。

无论从蛋白质含量还是从有效能值看，花生仁粕都是猪配合饲料中的优良蛋白质补充饲料。花生饼粕蛋白质中的氨基酸组成比较平衡，猪对其的消化率也高，营养价值与豆饼相似，但赖氨酸和蛋氨酸含量比豆饼少，色氨酸含量比豆饼高。喂花生饼时，最好添加动物性蛋白质饲料，或与豆饼、棉籽饼混饲效果好。即花生饼粕蛋白质中赖氨酸和蛋氨酸含量低，用作猪配合饲料中的主要蛋白质饲料时应补加赖氨酸和蛋氨酸。花生油的熔点较低，饲喂残油多的花生饼容易产生软脂质的猪肉。生花生仁和生大豆一样，含有抗胰蛋白酶。因此，纯浸提法加工的花生粕作猪饲料时，应进行加热处理。此外，花生仁及花生饼粕特别易受霉菌污染，产生黄曲霉毒素。我国国家标准规定花生饼粕中黄曲霉毒素 B_1 含量不得高于 0.05mg/kg；生长肥育猪的配合饲料中黄曲霉毒素 B_1 的含量不得高于 0.02mg/kg。

（三）玉米蛋白粉

玉米蛋白粉是玉米籽粒经食品工业生产淀粉或酿酒工业提醇后的副产品，也叫玉米麸质粉，主要由玉米蛋白组成，含有少量的淀粉和纤维。

玉米蛋白粉蛋白质营养成分丰富，不含有毒有害物质，不需进行再处理，可直接用作蛋白质原料，是饲用价值较高的饲料原料。

玉米蛋白粉的蛋白质含量高低与猪的表观消化能值直接相关，能量与蛋白质比例适宜或必需氨基酸与非必需氨基酸较平衡的原料有较高的能量消化率，在猪的基础饲料中添加蛋白质含量不同的玉米蛋白粉（52%、47.4%、32%），添加重分别为 20%、25%、30%，测定猪的消化能，试验结果表明，含 32%粗蛋白的玉米蛋白粉表观消化能较高，其原因可能是其能量与蛋白质比例比较适宜。

（四）糟渣类

糟渣类饲料为食品和发酵工业的副产品，主要有豆腐渣、啤酒糟、酒精糟、淀粉渣、豆渣、果渣、味精渣、糖渣、白酒糟、酱醋渣等，其特点是含水量高（70%～90%），粗蛋白、粗脂肪和粗纤维含量各异。

1. 豆腐渣

豆腐渣饲用价值高，干物质中粗蛋白和粗脂肪含量多，适口性好，消化率高。但也含有抗胰蛋白酶等有害因子，宜熟喂。豆腐渣含能量低，营养也较单一，所以喂量要适当，应与其他精粗饲料及青绿饲料合理搭配。豆腐渣的配合比例，生长肥育猪一般在日粮中占 30%以下为宜。饲喂过量，会导致猪体脂肪恶化，造成发育减缓，饲养费用反而增高。已变质的豆腐渣不可饲喂，否则容易引起中毒。

2. 淀粉渣

淀粉渣是淀粉生产过程中的副产物，干物质中主要成分为无氮浸出物、水溶性维生素，蛋白质和钙、磷含量少。用粉渣喂猪必须与其他饲料搭配使用，并注意补充蛋白质和矿物质等营养成分。在猪的配合饲粮中，小猪用量不超过 30%，大猪不超过 50%，哺乳母猪饲料中不宜加粉渣，尤其是干粉渣，否则乳中脂肪变硬，易引起仔猪下痢。鲜粉渣宜青储保存，以防止霉败。

3. 啤酒糟

鲜啤酒糟的营养价值较高，粗蛋白含量占干重的 22%～27%，粗脂肪占 6%～8%，无氮浸出物占 39%～48%，亚油酸占 3.23%，钙多磷少。鲜啤酒糟含水分 80%左右，易发酵而腐败变质，直接饲喂效果最好，或青储一段时间后饲喂，或将鲜啤酒糟脱水制成干啤酒糟再喂。啤酒糟具有大麦芽的芳香味，含有大麦芽碱，适于喂猪，尤其是生长肥育猪，但不宜喂小猪。本品粗纤维含量较多，在猪饲料中只能用 15% 左右，且宜与青、粗饲料搭配使用。

4. 白酒糟

白酒糟的营养价值因原料和酿造方法不同而有较大差异。由于酒糟是原料发酵提取碳水化合物后的剩余物，粗蛋白、粗脂肪、粗纤维等成分所占比例相应提高，无氮浸出物含量则相应降低，B族维生素含量较高。营养物质的消化率与原料相比，没有较大的差异。白酒糟作为猪饲料可鲜喂、打浆喂或加工成干酒糟饲喂。生长肥育猪饲粮中可加鲜酒糟 20%，干酒糟粉宜控制在 10% 以内。含有大量谷壳或麦壳的酒糟，用量应减半。酒糟喂猪，营养不全，有"火性饲料"之称，喂量过多易引起便秘或酒精中毒。仔猪、繁殖母猪和种公猪不宜喂酒糟。

二、动物性蛋白质饲料

这类饲料蛋白质含量高，品质好，所含必需氨基酸较全，特别是赖氨酸和色赖酸含量丰富。因此，蛋白质生物学价值高，属于优质蛋白质饲料。这类饲料不含纤维素，消化率高。钙磷比例恰当，B族维生素丰富。猪常用蛋白质饲料有鱼粉、血粉等。

（一）鱼粉

鱼粉是以全鱼或鱼下脚（鱼头、尾、鳍、内脏等）为原料，经过蒸煮、压榨、干燥、粉碎加工之后的粉状物。这种加工工艺所得的鱼粉为普通鱼粉。如果把制造鱼粉时产生的煮汁浓缩加工，做成鱼汁，添加到普通鱼粉里，经干燥粉碎，所得的鱼粉叫全鱼粉。以鱼下脚为原料制得的鱼粉叫粗鱼粉。各种鱼粉中，全鱼粉质量最好，普通鱼粉次之，粗鱼粉最差。

（1）营养特性 鱼粉的营养价值因鱼种、加工方法和储存条件不同而有较大差异。

① 含水量变异幅度大，4%～15%不等，平均为10%，取决于加工中的干燥方法。鱼粉含水量以低为好，但含水量太低，说明加热过度，可影响消化利用率。

② 蛋白质含量从40%～70%不等。进口鱼粉一般在60%以上，国产鱼粉约50%。粗蛋白含量太低，可能不是全鱼鱼粉，而是下脚鱼粉；粗蛋白含量太高，则可能掺假。鱼粉蛋白质品质好，氨基酸含量高，比例平衡。进口鱼粉赖氨酸可高达5%以上，国产鱼粉约3.0%～3.5%。

③ 粗脂肪含量为5%～12%，一般在8%左右，高于12%时会给使用带来很多问题。海产鱼的脂肪含大量多不饱和脂肪酸（PUFA），具有特殊的营养生理作用。

④ 粗灰分含量高。含钙5%～7%，磷2.5%～3.5%，磷主要以磷酸钙形式存在，利用率高；鱼粉食盐含量高，少则1%～2%，一般为3%～5%，高的可达7%以上。食盐过高时要限制鱼粉用量。鱼粉粗灰分含量越高，表示鱼粉中鱼骨越多，鱼肉越少。超过20%时，可能为非全鱼鱼粉。微量元素中，铁的含量最高，可达1500～2000mg/kg，其次是锌、硒，锌可达100mg/kg以上，硒为3～5mg/kg。其他元素含量较低，但海产鱼的碘含量高。

⑤ 鱼粉中的大部分脂溶性维生素在加工时被破坏，但仍保留相当高的B族维生素，尤以维生素 B_{12}、维生素 B_2 含量高。真空干燥的鱼粉含有较丰富的维生素 A、维生素 D。此外，鱼粉中含有未知因子。

（2）饲用价值　鱼粉蛋白质含量高，消化率好（达90%以上）。蛋白质中的氨基酸相当平衡，利用率也高。鱼粉也是矿物质、部分维生素和未知生长因子的良好来源，新鲜鱼粉适口性好。因此，鱼粉的饲用价值比其他蛋白质饲料高。畜禽日粮中使用鱼粉，可促进动物增重，改善饲料利用率，提高产蛋量和蛋壳质量。但由于鱼粉价格昂贵，因此用量受到限制，通常在配合饲料中的使用量低于10%。

（二）肉骨粉

肉骨粉、肉粉是以动物屠宰厂副产品中除去可食部分之后的残骨、皮、脂肪、内脏、碎肉等为主要原料，经过熬油（多采用干式熬油法）后再干燥粉碎而得的混合物。产品中不应含有毛发、蹄、角、皮革、排泄物及胃内容物。美国规定含磷量在 4.4% 以上的为肉骨粉，在 4.4% 以下的为肉粉。新鲜肉骨粉或肉粉为淡褐色，具烤肉香及牛油或猪油味，储藏不良时出现酸败味。

（1）营养特性　其营养成分及品质取决于原料与成分、加工方法、脱脂程度及储藏期。

① 肉骨粉和肉粉的蛋白质来源主要为磷脂、无机氮、角蛋白、结缔组织蛋白、水解蛋白、肌肉组织蛋白，前三者无使用价值，结缔组织蛋白和水解蛋白利用率也不高，肌肉组织蛋白的价值最高。从总体上看，肉骨粉或肉粉的蛋白质品质不好，生物学价值低。蛋氨酸、色氨酸、酪氨酸含量低，脯氨酸、羟脯氨酸和甘氨酸含量高，赖氨酸含量接近豆饼。氨基酸的消化利用率低。

② 磷含量高，钙、磷比例平衡，磷的利用率高。

③ 维生素中，B 族维生素含量高，维生素 A、维生素 D 很少。

④ 能量为 7.98～11.72MJ/kg（ME）。

（2）饲用价值　其饲用价值比鱼粉和豆饼差，且不稳定。随饲粮中肉骨粉和肉粉用量增加，饲粮适口性降低，动物生长成绩下降。以腐败原料制成的产品，不但品质差，而且有中毒和感染细菌（如沙门菌）的危险。因此，在动物日粮中的用量应受到限制，一般鸡日粮在 6% 以下，猪日粮 5% 以下，幼龄畜禽不宜使用。

（三）血粉

血粉是畜禽鲜血经脱水加工而成的一种产品，是屠宰厂主要副产品之一。我国畜禽血资源丰富，资源潜力可达到年产血粉 40 万吨以上，而全国实际产量只有 7 万吨，利用率不到 20%，开发潜力很大。

血粉的主要特点是蛋白质和赖氨酸含量高,含粗蛋白 80%~90%,赖氨酸 7%~8%,比鱼粉高近 1 倍,色氨酸、组氨酸含量也高。但血粉品质较差,血纤维蛋白不易消化,赖氨酸利用率低。血粉中异亮氨酸很少,蛋氨酸也偏低,因此氨基酸不平衡。不同动物的血粉也不同。鸡血的赖氨酸比牛血、猪血低,猪血与牛血比较,前者组氨酸、精氨酸、脯氨酸、甘氨酸、异亮氨酸较多,后者赖氨酸、羟丁氨酸、缬氨酸、亮氨酸、酪氨酸及苯丙氨酸较多。因此,混合血的血粉质量优于单一血粉。

血粉本身不应含有粗纤维和无氮浸出物,粗灰分和粗脂肪也较低。但由于原料中混入了各种植物性物质和沙土,测出了粗纤维和无氮浸出物,粗灰分和粗脂肪的含量也可能偏高。血粉含钙、磷较低,磷的利用率高。微量元素中,铁的含量高达 2800mg/kg,其他微量元素含量与谷实饲料接近。

血粉因蛋白质和赖氨酸含量高,氨基酸不平衡,常需与植物性饲料混合使用。由于血粉味苦,适口性差,用量不可过高。鸡饲粮中以 2%为宜,猪饲粮中不可超过 5%。血粉吸湿性和黏性较强,饲料加工时若处理不当易产生堵塞或黏附现象。

三、单细胞蛋白质饲料

1. 饲料酵母

将酵母繁殖在适当的工农业副产品上而制成的一种饲料,称为饲料酵母,是真菌的一种,如啤酒酵母、酒精酵母、串菌属酵母等。

饲料酵母粗蛋白含量较高,为 40%~50%,生物学价值介于动物蛋白与植物蛋白之间,赖氨酸含量高,精氨酸低,蛋氨酸为主要的限制性氨基酸。B 族维生素丰富,维生素 B_1、维生素 B_2、烟酸、胆碱、核黄素、泛酸和叶酸的含量均高。经过紫外线照射的酵母中每千克含维生素 D_2 1000~5000IU。矿物质中钙少,磷、钾多,此外含有未知生长因子。

饲料酵母主要用作猪、鸡饲粮蛋白质和维生素的主要成分,以改善氨基酸的组成,补充 B 族维生素,提高饲粮的利用效率。饲料酵母具有苦味，适口性较差，在饲粮配比中一般不超过 10%。

2. 石油酵母

利用微生物以石油为碳源进行微生物蛋白质生产，经干燥而成的微生物蛋白质称为石油蛋白，也称烃蛋白。由于目前生产上广泛利用酵母菌来制造石油蛋白，故亦称为石油蛋白酵母，简称石油酵母。实际上，能利用石油的微生物种类很多，已知有细菌、放线菌、酵母菌等 30 个属左右的微生物。它们几乎能利用所有的石油成分，或将其同化成菌体或某些产物，或将其氧化形成醇、醛、酸等物质。

石油酵母含粗蛋白较高，为 50%～60%；其氨基酸组成与其他酵母相似，赖氨酸含量较高，同鱼粉接近，而蛋氨酸很低；粗脂肪 10% 以上，且利用率高；铁含量比鱼粉高；维生素 B_{12} 则少，其消化率同鱼粉、大豆饼类似。

石油酵母可作为各类畜禽的蛋白质来源，但应补充蛋氨酸、维生素 B_{12}。有苦味，适口性差，用于猪饲料应限制在 10% 以下，乳猪料中避免使用。石油酵母中含有重金属与致癌物质 3,4-苯并芘（有致癌、致突变、致畸形的三致作用），可通过畜产品贻害人类，因此它的使用有争议，意大利、日本几乎停产。我国生产的石油酵母所含的 3,4-苯并芘并未超过世界卫生组织规定的 $5\mu g/kg$ 标准。

第三节　粗饲料

凡天然含水量在 60% 以下、干物质中粗纤维含量在 18% 以上的饲料均属于粗饲料，主要包括干草、蒿秆和秕壳等。

粗饲料的一般特点是含粗纤维多，质地粗硬，适口性差，不易消化，可利用的营养较少。不同类型粗饲料的质量差别较大。一般豆科粗饲料优于禾本科，嫩的优于老的，绿色的优于枯黄的，叶片多的优于叶片少的。秕壳类如小麦秸、玉米秸、稻草、花生壳、稻壳、高粱壳等，粗纤维含量高，质地粗硬，不仅难以消化，而且还影响猪对其他饲料的消化，在猪饲料中限制使用。青草、花生秧、大豆叶、甘薯藤、槐叶粉等，粗纤维含量低，一般在 18%～30%，木质化程度低，蛋白质、矿物质和维生素含量高，营养全面，适口性好，较易消化，在猪的日粮中搭配具有良好效果。

苜蓿是世界上栽培面积最广泛、最重要的豆科牧草之一。苜蓿营养价值很高，粗蛋白、维生素和矿物质含量丰富、氨基酸平衡、适口性好、消化率高，素有"牧草之王"之称。近年来，越来越多的研究表明，苜蓿的茎、叶中含有50多种营养物质及未知因子，已经证实苜蓿富含优质膳食纤维、叶蛋白、皂苷、黄酮类、苜蓿多糖、苜蓿色素、酚醛酸等生物活性成分，其营养成分比其他植物丰富许多，被称为万能植物。苜蓿根系发达，再生能力强，生长期内既可青饲、放牧，又可调制干草或青储饲料。

苜蓿中含有丰富的蛋白质，初花期至花期的含量一般在17%～20%，因产地和品种不同，苜蓿蛋白质含量有较大的差异。一般而言，苜蓿干物质的粗蛋白含量是全粒玉米的2.0～2.5倍，是优质豆粕的1/3以上，是优质禾本科牧草以及饲料作物的1.4～3.3倍。粗脂肪含量大多在2%～3%。粗纤维和无氮浸出物，均属糖类物质，前者主要存在于细胞壁上，属结构性糖类；后者主要存在于细胞内，属非结构性糖类。植物细胞壁随苜蓿生育期延迟而不断增厚，粗纤维含量增加，尤其是中性洗涤纤维，开花前在苜蓿干物质中含量为30%左右，开花期即达35%以上。粗灰分含量一般都在10%左右，其中含钙多磷少，钙含量1.5%左右，磷含量0.1%～0.3%。优质苜蓿粉和优质苜蓿草块的含钙量是优质禾本科牧草的3～5倍，与全价配合饲料的主原料玉米相比，苜蓿含钙量更高，是全粒玉米含钙量的48倍。苜蓿中含有丰富的维生素和微量元素。微量元素中有畜禽必需的铁、铜、锰、锌、钴和硒，其中铁、锰含量较多，苜蓿草粉中的铁、硒含量较高，大约高出一般畜禽需要量的5～10倍，是一种较好的铁源和硒源。紫花苜蓿维生素含量丰富，含胡萝卜素18.8～161.0mg/kg，维生素C 210mg/kg，维生素B 5～6mg/kg，维生素K 150～200mg/kg。苜蓿中含有动物需要的各种氨基酸，而且含量丰富，品质良好。经过人工干燥的完整的盛花期收割的苜蓿草粉中含有赖氨酸0.74%～0.78%，比玉米籽实高 5.7 倍。必需氨基酸含量比较均衡，是一种调和配合饲料、适口性及理化特性优良的草粉类饲料。

现在多采用快速高温干燥法生产草粉，具体操作方法是将收割后的苜蓿切断后以转鼓高温气流式牧草加工机组进行加工。在这个过程中，外界的高温空气将热能迅速传导给切碎的苜蓿草段，使鲜草中的水分迅速蒸发，经过几分钟的处理，即可得到干燥的草粉。因此，植物体本身生物化学变化和外界机械作用引起的营养流失大幅度降低。该加工过程受气候因素的影响小，生产周期短，生产效率高，可以充分起到利用资源的作用。

在养猪生产中，于日粮中提供适量的优质草粉，具有特殊的作用。例如，在繁殖母猪的饲料中加入 5%～10% 的优质草粉，可防止母猪过肥；在肥育后期的饲料中加入 3%～4% 的草粉，能控制猪对营养的采食量，使猪膘不至于过厚。幼猪饲料中加 2% 的草粉，可防止拉稀。同时草粉还有利于肠道的蠕动，便于排便。因此，在广大农村应注意开辟优质草粉的原料资源。

第四节　青绿饲料

一、野生青绿

天然草地牧草种类繁多，主要有禾本科（无芒雀麦、黑麦草、苏丹草等）、豆科（紫花苜蓿、草木樨、三叶草等）、菊科和莎草科四大类。以干物质计，它们的无氮浸出物含量均可达 40%～50%；粗蛋白含量，豆科为 15%～20%，莎草科为 13%～20%，菊科和禾本科为 10%～15%，少数也可达 20%；粗纤维含量以禾本科牧草较高，约为 30%，其他科牧草为 20%～25%；矿物质中钙的含量一般都高于磷。总体来看，豆科的营养价值较高，禾本科虽然营养价值稍低，但一般适口性良好，尤其是生长早期时，幼嫩可口，采食量高，故也不失为品质优良的牧草。此外，禾本科牧草的再生力强，一般比较耐牧。菊科牧草有特异香味，除羊外，其他家畜不甚喜欢采食。

二、叶菜类

叶菜类饲料种类很多，除了作为饲料栽培的苦荬菜、聚合草、甘蓝和牛皮菜等之外，还有人类食用蔬菜、边角废料及野菜等，都是良好的青绿饲料来源。

三、水生饲料

水生饲料主要有水浮莲、水葫芦（凤眼莲）、水花生（喜旱莲子草）、绿萍、水芹菜和水竹叶等，前四种通称"三水一萍"。水生饲料生长快、产量高，每亩年产量可达万余千克，具有不占耕地和利用时间长等优点，因地制宜发展水生饲料，并加以合理利用，是扩大青绿饲料来源的一个途径。

第五节　矿物质饲料

以提供矿物元素为目的的饲料叫矿物质饲料，包括常量矿物质饲料和微量元素饲料。

一、常量矿物质饲料

1. 食盐

在常用植物性饲料中，钠、氯含量都少。食盐是补充钠、氯的最简单、价廉和有效的添加源。食盐中含氯60%、钠39%，碘化食盐中还含有0.007%的碘。饲料用食盐多属工业用盐，含氯化钠95%以上。

食盐在畜禽配合饲料中用量一般为0.25%～0.5%。食盐不足可引起食欲下降，采食量降低，生产效益差，并导致异食癖。食盐过量时，只要有充足饮水，一般对动物健康无不良影响，但若饮水不足，则可能出现食盐中毒。使用含盐量高的鱼粉、酱油渣等饲料时应特别注意。

除加入配合饲料中应用外，还可直接将食盐加入饮水中饮用，但要注意浓度和饮用量。将食盐制成盐砖更适合放牧动物舔食。

食盐还可作为微量元素添加剂的载体。但由于食盐吸湿性强，在相对湿度75％以上时就开始潮解，因此，作为载体的食盐必须保持含水量在0.5％以下，制作微量元素预混料以后也应妥善储藏保管。

2. 钙磷补充料

单纯补钙的矿物质饲料种类不多，而单纯补磷的矿物质饲料更有限，种类居多的是能同时提供钙磷的矿物质饲料，好在常规日粮中钙磷均需补充，且钙补充量大于磷。

（1）钙补充料（富钙饲料）

① 碳酸钙（石灰石粉） 为优质的石灰石制品，沉淀碳酸钙是石灰石煅炼成的氧化钙，经水调和成石灰乳，再经二氧化碳作用而合成的产品。石灰石粉俗称钙粉，主要成分为碳酸钙，含钙不可低于33％。一般而言，碳酸钙颗粒越细，吸收率越好，但要用于蛋鸡产蛋期时以粗粒为好。

② 硫酸钙 俗称石膏（$CaSO_4 \cdot nH_2O$），结晶水多为2分子，颜色为灰黄色至灰白色，在高温高湿条件下可能会潮解结块。

此外，大理石、白云石、白垩石、方解石、葡萄糖酸钙、乳酸钙等均可作为补钙饲料。

（2）钙磷补充料

① 骨粉 分子式为$3Ca_3(PO_4)_2 \cdot Ca(OH)_2$，是以家畜骨骼为原料，经蒸汽高压蒸煮灭菌后，再粉碎而制成的产品，为黄褐色或灰褐色。骨粉含钙24％～30％，磷10％～15％，蛋白质10％～13％，这些数值取决于有机物的脱去程度。有机物含量高的骨粉不仅钙磷含量低，而且常携带有大量细菌，易发霉结块，并产生臭味，降低品质。

② 磷酸氢钙 又叫磷酸二钙，为白色或灰白色粉末，分子式为$CaHPO_4 \cdot nH_2O$，通常含2个结晶水，含钙不低于23％，磷不低于18％，铅不超过50mg/kg，氟与磷之比不超过1/100。其钙磷

利用率高，是优质的钙磷补充料。

③ 磷酸一钙 又名磷酸二氢钙、过磷酸钙，为白色结晶粉末，分子式为 $Ca(H_2PO_4)_2 \cdot nH_2O$，以一水盐居多。含钙不低于 15%，磷不低于 22%，铅不超过 50mg/kg，氟与磷之比不超过 1/100。其利用率比磷酸二钙、磷酸三钙好。

④ 磷酸三钙 又名磷酸钙、为白色无臭粉末，分子式有 $Ca_3(PO_4)_2 \cdot H_2O$ 和 $Ca_3(PO_4)_2$ 两种，后者居多，含钙 32%、磷 18%。

⑤ 脱氟磷酸盐 是磷矿石经煅烧、溶解及沉淀或磷酸与适宜的钙化合物反应，并经高温加热脱去氟而制得。为淡灰色或灰褐色外表，含磷 18% 以上，钙 32% 以上，氟 0.18% 以下。

二、微量元素饲料

动物所需的必需矿物元素有 16 种，其中 7 种为常量元素，余下的 9 种为微量元素，分别是铁、铜、锰、锌、钴、碘、硒、钼、氟。其中前 7 种在动物营养中的作用最大，能提供这些微量元素的矿物质饲料叫微量元素补充料。由于动物对微量元素的需要量少，微量元素补充料通常是作为添加剂加入饲料中的。

微量元素补充料主要是化学产品（一般以饲料级规格出售），一般是其矿物盐及结晶化合物。由于其化学形式、产品类型、规格以及原料细度不同，导致其生物学利用率差异较大，销售价格也不一样。

1. 铁补充料

用于饲料的有硫酸亚铁、硫酸铁、碳酸亚铁、氯化亚铁、磷酸铁、DL-苏氨酸铁、蛋氨酸铁、甘氨酸铁等。常用的一般为硫酸亚铁。一般认为硫酸亚铁利用率高，成本低。

2. 铜补充料

可作饲料用的有碳酸铜、氯化铜、氧化铜、硫酸铜、磷酸铜、焦磷酸铜、氢氧化铜、葡萄糖酸铜等。其中最常用的为硫酸铜，其次为氧化铜、碳酸铜。

3. 锌补充料

除鱼粉外，我国常用饲料均不能满足猪、鸡日粮的需要，加之其他因素的影响，饲料中常需要添加锌。可用作饲料添加物的含锌化合物有硫酸锌、氧化锌、碳酸锌、氯化锌、醋酸锌、乳酸锌等。其中常用的为硫酸锌、氧化锌、碳酸锌。

4. 锰补充料

作为饲料补充物的锰化合物有硫酸锰、氧化锰、碳酸锰、醋酸锰、磷酸锰、葡萄糖酸锰等。通常用的为硫酸锰、氧化锰、碳酸锰。据研究，有机二价锰生物学有效性都比较好，尤其是某些氨基酸络合物，虽然成本较高但近些年也有应用。

5. 硒补充料

硒一直被认为是一种有毒元素，直到 1957 年才被认为是动物所必需的。在缺硒地区几乎所有动物都会表现出缺硒症状，影响健康，影响生产。硒的补充物主要有硒酸钠、亚硒酸钠。二者效果都很好。

6. 碘补充料

可作为碘源的化合物有碘化钾、碘化钠、碘酸钾、碘酸钠、碘酸钙、碘化亚铜等。其中碘化钾、碘化钠能为家畜充分利用，但稳定性差。碘酸钾、碘酸钙较稳定，其生物学效价与碘化钾相似。

7. 钴补充料

作为饲料补充物的含钴化合物有氯化钴、碳酸钴、硫酸钴、醋酸钴、氧化钴等。这些钴源都能被动物很好的利用。

第六节　维生素饲料

维生素饲料指人工合成的各种维生素化合物商品，不包括某种维生素含量高的青绿多汁饲料。由于动物对维生素需要量低，维生素饲料常作为饲料添加剂使用。

维生素种类很多，按其溶解性分为脂溶性维生素和水溶性维生素。因此，维生素饲料或维生素添加剂包括脂溶性维生素添加剂和水溶性维生素添加剂两种。它们分别以脂溶性和水溶性物质为活性成分，加上载体、稀释剂、吸收剂或其他化合物混合而成。

与其他饲料相比，维生素添加剂的稳定性较差。商品维生素制剂对氧化、还原、水分、热、光、金属离子、酸碱度等因素具有不同程度的敏感性。维生素添加剂在没有氯化胆碱的维生素预混料中的稳定性比在维生素-矿物元素预混料中的稳定性高。有高剂量矿物元素、氯化胆碱及高水分存在时，维生素添加剂易受破坏。在全价配合饲料中的稳定性取决于储藏条件。

维生素添加剂应在避光、干燥、阴凉、低温环境下分类储藏。在使用维生素添加剂时，不但应按其活性成分的含量进行折算，而且应考虑加工储藏过程中的损失程度适当超量添加。

一、脂溶性维生素

1. 维生素 A（视黄醇）

纯维生素 A 为淡黄色片状结晶，不溶于水，易溶于油脂或有机溶剂，熔点 $62 \sim 64 ℃$，易受紫外线与氧所破坏。饲料中使用的维生素 A 常制成明胶微粒胶囊及微粒粉剂。微粒粉剂表面黏附有变性淀粉，用碘-碘化钾试液很容易证实。

2. 维生素 D

维生素 D 有多种异构体，如维生素 D_2、维生素 D_3、维生素 D_4、维生素 D_5、维生素 D_6 等。它们的化学结构相似，生理效果不同。维生素 D_2 及维生素 D_3 均为无色针状结晶或白色结晶性粉末，无臭，无味，遇光或空气均易变质，不溶于水，在植物油中略溶。维生素 D_3 在乙醇、丙酮、氯仿、乙醚中均极易溶解；维生素 D_2 在氯仿中极易溶解，在乙醇、丙酮、乙醚中易溶。维生素 D_2 熔点为 $115 \sim 118 ℃$，熔融时分解；维生素 D_3 熔点为 $84 \sim 88 ℃$，熔融时分解。

在配合饲料中使用的工业维生素 D 大多为合成的维生素 D_3，一般以维生素 D_3 原油为原料，配以一定量二丁基羟基甲苯（BHT）或乙氧喹啉作稳定剂。采用明胶和淀粉等辅料，经喷雾法制成米黄色或黄棕色微粒。

3. 维生素 E

纯品维生素 E 为微黄色透明的黏稠液体，基本无气味，遇光色渐变深。通常商品性的维生素 E 是预混料形式，多由药厂或预混合饲料厂用麸皮、大豆皮粉及胶体二氧化硅等制成吸附剂，其外观是有关载体特征。

4. 维生素 K

饲料工业中所用维生素 K 一般是制成衍生物或加以特殊处理后的人工合成维生素 K_3，商品性维生素 K_3 外观依衍生品种、包被方式、吸附载体不同而各不相同。

二、水溶性维生素

1. 维生素 B_1（硫胺素）

饲料工业中所用维生素 B_1 均为合成产品，有盐酸硫胺及硝酸硫胺等。盐酸硫胺为白色针状结晶或结晶性粉末，有微弱的米糠似的特异臭味，味苦，在水中易溶，在乙醇中略溶，在乙醚中不溶。硝酸硫胺为白色或微黄色粉末或结晶性粉末，有微弱的特异臭味，在水中略溶，在乙醇或氯仿中微溶。

2. 维生素 B_2（核黄素）

饲料工业中所用维生素 B_2 有发酵及化学合成两种产品，两者饲用效价一样。核黄素为黄色至橙黄色结晶性粉末，微臭，味微苦，熔点约为 280℃（熔融时分解）；本品在水中溶解极微，在乙醇、氯仿、乙醚中几乎不溶，可溶解于稀的氢氧化碱液中。饱和水溶液呈中性。

3. 泛酸

游离的泛酸极不稳定，不能作为饲料添加剂，通常使用其钙盐。饲料级泛酸钙有两类产品，一类为 D-泛酸钙，其含量在 98% 以上，具较好的流动性，吸湿性较低，不易结块，粉尘较少，但价格稍高；另一类为 DL-泛酸钙，其效价不高于 50%，吸湿性强，由于其价格低仍被广泛使用。泛酸钙为白色粉末，无臭，味微苦，易溶于水，几乎不溶于乙醇、氯仿、乙醚。

4. 烟酸

烟酸为白色至淡黄色结晶或结晶性粉末，无臭或有微臭，味微酸，水溶液显酸性反应。本品在沸水、沸乙醇中溶解，在水中略溶，在乙醇中微溶，在乙醚中几乎不溶；在碳酸碱及氢氧化碱中易溶。本品熔点 $234\sim237℃$，有升华性；无吸湿性；对酸、碱、热均较稳定，将其溶液加热几乎不分解。

5. 烟酰胺

在维生素活性方面与烟酸相同，可以替代烟酸饲用。烟酰胺为白色结晶性粉末，无臭或几乎无臭，味苦，相对密度1.400，熔点 $128\sim131℃$。本品易溶于水和乙醇，溶解于甘油。对热、光及空气极稳定，在碱性溶液中加热则成烟酸，同时发出氨臭。

6. 维生素 B_6（吡哆醇）

用作饲料添加剂的是吡哆醇的盐酸盐，为白色或类白色结晶或结晶性粉末，无臭，味酸苦，遇光渐变质。在水中易溶，在乙醇中微溶，在氯仿、乙醚中不溶。熔点 $205\sim209℃$，熔融时分解。

7. 维生素 B_{12}（钴胺素）

纯品维生素 B_{12} 为暗深红色针状结晶，无臭，无味，吸湿性强，在水、乙醇中略溶，在丙酮、氯仿、乙醇中不溶。本品无一定熔点，于 $210\sim220℃$ 时变暗，在 $300\sim320℃$ 分解。作为饲料添加剂的维生素 B_{12} 是由发酵法生产的，维生素 B_{12} 的使用浓度很小，商品维生素 B_{12} 含量为 0.1%、0.2%、5% 等，其余部分为载体或发酵培养基质等。

8. 叶酸

本品为黄色或橙色结晶性粉末，无臭，无味。在水、乙醇、丙酮、氯仿、乙醚中不溶，在氢氧化碱或碳酸碱的稀溶液中易溶。

9. 维生素 C

本品为白色结晶或结晶性粉末，无臭，味酸，久置色渐变微黄，水溶液显酸性反应。在水中易溶，在乙醇中略溶，在氯仿、乙醚中不溶。熔点为 $190\sim192℃$，熔融时分解。

10. 维生素 H（生物素）

本品为无色细长针状结晶，较易溶于热水及稀碱液，不溶于丙酮、氯仿、乙醚。熔点 232～233℃。商品性维生素 H 一般与载体、稀释剂相混。

11. 胆碱

本品为强碱性的黏性液或结晶，味辛而苦，吸水性极强，遇热分解，能溶于水和醇，不溶于乙醚。饲料工业中一般使用氯化胆碱，为白色结晶，微有鱼腥臭，味咸苦，易潮解，易溶于水及乙醇，不溶于乙醚、苯，熔点 240℃。商品氯化胆碱一般以载体吸附形式。

12. 肌醇

本品为白色结晶或结晶性粉末，熔点 224～227℃。

第七节　饲料添加剂

饲料添加剂是指在配合饲料中加入的各种微量成分，以完善饲料的营养特性，提高饲料转化效率，促进畜禽生长和预防疾病，减少饲料在储存期间的营养损失以及改善畜禽产品品质。广义的饲料添加剂包括营养性添加剂和非营养性添加剂，其中营养性添加剂又包括微量元素添加剂、维生素添加剂和氨基酸添加剂等，而非营养性添加剂即狭义的饲料添加剂（国际饲料分类中的第八大类），包括保健助长剂（如抗菌驱虫剂、消化促进剂、代谢调节剂等）和产品工艺剂（如储藏剂、风味剂和工艺用剂等）。

一、营养性饲料添加剂

营养性添加剂中微量元素添加剂和维生素添加剂在前面已经简要介绍，下面主要介绍氨基酸添加剂。氨基酸添加剂主要有以下几种产品。

1. DL-蛋氨酸

化学合成的蛋氨酸为 D 型、L 型混合的化合物，为白色片状或粉末状结晶，具有微弱的含硫化合物的特殊气味，稍甜，易溶于水、稀酸和碱，微溶于醇，不溶于乙醚。熔点为281℃（分解），其1%水溶液pH值为5.6～6.1，无旋光性，分子式为$C_5H_{11}NO_2S$，产品纯度在98.5%以上。

2. 蛋氨酸的类似物（MHA）

（1）产品种类

① 液体羟基蛋氨酸　含$C_5H_{10}O_3S$88%以上，是深褐色黏性液体，含水量约12%，有硫化物特殊气味，其pH值为1～2，相对密度为1.23，黏度在20℃时为105cSt❶，它是以单体、二聚体和三聚体组成的平衡混合物。重金属（以Pb计）≤20mg/kg，铵盐≤1.5%，砷（以As计）≤2mg/kg，氰化物≤10mg/kg。

② 羟基蛋氨酸钙盐　本品为液体的羟基蛋氨酸与氢氧化钙或氧化钙中和，经干燥、粉碎、筛分制得的产品，有含硫基团的特殊气味，可溶于水。粒度为全部通过18目标准筛，40目筛上物不超过30%。无机酸钙盐≤1.5%，重金属（以Pb计）≤20mg/kg，砷（以As计）≤2mg/kg。

（2）饲料特性

① 本品为蛋氨酸的供给源之一，一般认为液态MHA的生物活性为DL-蛋氨酸的88%，MHA钙盐为86%。

② 液态MHA可用特殊设备添加，直接混合于全价饲料中，成本低，操作方便，无粉尘，但需储存于密闭容器内，操作时勿直接接触皮肤，适于大厂使用。而MHA钙盐处理方法与一般DL-蛋氨酸相同，适合中小厂使用。

③ 饲料中含硫的蛋氨酸和胱氨酸，在用氨基酸分析法测定时，会在样品水解过程中部分被破坏，造成结果偏低，计算配方时宜审慎对待这些数据。

3. L-赖氨酸盐酸盐

分子式为$C_6H_{14}N_2O_2 \cdot HCl$，相对分子质量为182.65，白色

---

❶ 1cSt（厘斯）$=10^{-6}m^2/s$，全书余同。

结晶粉末，无臭或稍有异味，略具溶解性，易溶于水，极难溶于乙醇，水溶液 pH 值为 5～6，熔点为 263～264℃。L-赖氨酸盐酸盐生产方法有发酵法和化学合成-酶法两种。具有以下特性。

① 天然饲料中赖氨酸的 ε-氨基活泼，易在加工、储存中形成复合物而失去作用，故可被利用的赖氨酸一般只有化学分析值的 80％左右。

② L-赖氨酸盐酸盐的生物活性为 L-赖氨酸的 78.8％，计算配方时应注意效价换算。本品粗蛋白含量为 94.4％。

③ 本品可降解产生乙酰辅酶 A，进入三羧酸循环可为机体细胞提供能量。同时赖氨酸的功能基因易被神经肽所吸收，而起到修复、调节神经细胞的功能。本品还能抑制纤维蛋白酶原的激活因子，从而保护了纤维蛋白，使破裂的血管加速闭合。除作为营养补充剂外（仔猪及瘦肉型生长猪尤宜补给），尚可用于神经、血管系统疾病、贫血、肝炎及免疫力减退等。

4. DL-色氨酸

分子式为 $C_{11}H_{12}N_2O_2$，为白色或淡黄色结晶性粉末，无臭或略有异味，难溶于水。色氨酸的生产方法有三种，即发酵法、天然蛋白质水解法及化学合成-酶法。产品含 DL-色氨酸 98.5％以上，铵盐 0.04％以下，砷 2mg/kg 以下，氯化物 0.2％以下，重金属 20mg/kg 以下，熔点为 285～290℃，含氮量 13.7％。

除上述几种外，还有苏氨酸、谷氨酸及甘氨酸等氨基酸饲料添加剂。

二、非营养性饲料添加剂

1. 保健助长剂

（1）抗菌驱虫剂

① 抗生素　是微生物的发酵产物，抗生素对改善动物健康水平、提高生产性能和经济效益起到巨大作用。

依据化学结构不同，抗生素可分为青霉素类、氨基糖苷类、四环素类、大环内酯类、多肽类、多糖类、聚醚类及化学合成类。

用作饲料添加剂的抗生素具备的条件有，能有效经济地改善畜禽的生产性能；不用或极少用作人医或兽医的临床治疗；不引起微生物的抗药性或产生可转移的抗药性；不经或很少经肠道吸收，不干扰肠道正常菌群的微生态平衡；对人、畜无害、无诱变作用或致癌作用；不污染环境。

②抗球虫药　球虫类属原虫，其卵囊生命力很强，重量轻，不易黏附，具有很高的传染性，对畜禽危害很大，目前尚无有效的疫苗，一旦爆发，即难以控制。艾美尔属等孢子属主要危害雏鸡和幼兔。球虫具有非常强的生命力，消毒药、有机磷杀虫药、强碱和强氯化剂都不能杀死它。目前使用的抗球虫药又易产生耐药性，因此以适宜的方法使用抗球虫剂非常重要。感染初期用药是公认的防治球虫病的有效方法。此外，应采用轮换式用药、穿梭式用药及轮换式和穿梭式结合使用等方法，不任意加大使用剂量。

常用抗球虫添加剂如下。

a. 聚醚类抗生素　为发酵产生的抗生素，比一般抗生素（如四环素、螺旋霉素）的抗球虫活性高，目前在世界范围内使用的有莫能霉素钠、盐霉素钠、拉沙洛西钠、甲基盐霉素和马杜拉霉素铵盐五种，前三种应用最普遍。

b. 磺胺类抗球虫药　抗菌药，其促生长效果不明显，但与其他抗生素联合加入饲料中，可增加抗菌效果。在日本和我国，磺胺喹恶啉可用作鸡的抗球虫添加剂，但通常规定和氨丙啉、乙氧酰胺苯甲酯等混合后使用。

c. 呋喃类抗球虫剂　本类药物早期曾用于防治鸡球虫，包括呋喃西林和呋喃唑酮两种，但由于毒性较大，雏鸡对呋喃西林特别敏感，除美国外，目前很多国家已停止使用。呋喃西林主要对鸡艾美尔球虫有效，治疗量为 $0.01\% \sim 0.02\%$，加入饲料或饮水，连续 $5 \sim 7$ 天；添加剂用量为 $50mg/kg$，发现中毒时，立即停药。呋喃唑酮（又称痢特灵），防治鸡的艾美尔球虫，毒性比呋喃西林低，以 0.04% 用于治疗，添加剂用量为 $50 \sim 100mg/kg$。

d. 抗硫胺类抗球虫剂　主要包括氨丙啉和硝酸二甲硫胺，与

维生素 B_1 有拮抗作用。但是毒性小,使用普遍。但对鸡以外(包括雏鸡、火鸡)的动物无效。

e. 尼卡巴嗪 为使用较为广泛的抗球虫剂之一,其对球虫的杀灭作用大于抑制作用,耐药性产生慢。用量大时会导致鸡厌食,高温高湿条件下还会使鸡产生"热应激反应",用药期间应给鸡以充分饮水和良好通风。添加量为 $100\sim125mg/kg$,我国已能生产。

f. 氯苯胍 又名盐酸氯苯胍或双氯苯胍,是低毒高效的抗球虫药。有氯化物特有的臭味,日本禁用,我国、欧盟、美国规定鸡饲料用量为 $30\sim36mg/kg$。

③ 化学合成抗菌剂 包括磺胺类、硝基呋喃类和咪唑类。过去这类药物使用较多,但随着研究的深入,发现这类药物的副作用较大,长期添加于饲料中,磺胺类药物会造成尿路障碍,损伤肾脏功能;硝基呋喃类有致畸形和致突变作用。因此化学合成抗菌剂作为饲料添加剂已逐渐被淘汰,仅作为兽医临床治疗用药。

(2)消化促进剂

① 酶制剂 饲用酶制剂是将以生物工程技术生产的酶与载体或稀释剂加工合成的一种饲料添加剂,其主要功效是最大限度地提高饲料原料的利用率;提高饲料的消化率;弥补幼畜禽消化酶的不足,促进营养物质的消化和吸收;减少动物体内矿物质的排泄量,从而减轻对环境的污染。

饲用酶制剂目前已经广泛应用,品种有 20 余种,比较重要的有木聚糖酶、β-葡聚糖酶、α-淀粉酶、蛋白酶、纤维素酶、脂肪酶、果胶酶、混合酶和植酸酶等。

② 益生素(微生态制剂) 益生素是指可以饲喂动物并通过调节动物肠道微生物平衡达到预防疾病、促进动物生长和提高饲料利用率的活性微生物或其培养物。益生素主要是通过改善肠道微生物群的屏障功能或通过刺激非特异性免疫系统来防治疾病感染的;益生素可通过形成优势种群、产酸或竞争营养物质等方式抑制有害微生物的生长繁殖,或通过产生 B 族维生素、增强机体非特异性免疫功能来预防疾病,从而间接起到提高生长速度和饲料转化率的

作用。

目前，配合饲料中使用的益生素产品包括活性微生物制剂、灭活益生素和化学益生素。

活性微生物制剂主要有乳酸杆菌、枯草杆菌、链球菌、芽孢杆菌、酵母菌等。使用活性微生物制剂存在诸多缺点，如发酵生产难度大，质量标准难以统一；易失活；在动物肠道内定植能力不强等，因而其使用受到一定制约。

灭活益生素是由经过热灭活的菌体细胞及其培养过程中所分泌的代谢产物组成，主要用于预防和治疗畜禽特别是幼龄畜禽常见的细菌性的病毒性腹泻，具有耐高温、耐抗生素影响和作用效果稳定、无毒副作用、无残留公害等优点，具有较好的应用前景。

化学益生素是一种非消化性食物成分，到后肠后可选择性地为大肠内的有益菌降解利用，却不为有害菌所利用，从而具有促进益菌增殖、抑制有害菌的效果。化学益生素包括多种物质，如含氧多糖或寡糖、辅酶、某些氨基酸和维生素，甚至包括半纤维素和果胶等，但现在应用较多的是寡糖类物质。

③ 酸化剂 酸化剂是主要用于幼龄畜禽以调整消化道内环境的一类添加剂，可补充幼畜胃液分泌不足，降低胃内 pH 值，并有助于饲料的软化、养分的溶解和水解，而且还起着阻止病原微生物经消化道进入体内的屏障作用，从而改善饲料消化率，降低幼畜腹泻、下痢，提高生产性能。酸化剂包括有机酸化剂、无机酸化剂和复合酸化剂。

有机酸化剂主要有柠檬酸、延胡索酸、乳酸、丙酸、苹果酸、戊酮酸、山梨酸、甲酸（蚁酸）、乙酸（醋酸）等。利用有机酸可明显改善饲料效率，提高幼畜日增重。由于有机酸可能腐蚀饲料厂或饲养场设备，而且价格昂贵，过高比例还会影响适口性或导致维生素的损失，因此，有机酸盐类（主要为甲酸钙和丙酸钙）的应用开始受到重视。

无机酸化剂包括盐酸、硫酸、磷酸等。磷酸既可以作为日粮酸化剂，也可作为磷的来源。无机酸与有机酸相比，具有较强的酸性及较低的添加成本，开发无机酸化剂也是一种值得探索的解决饲料资源短缺和提高经济效益的途径。

复合酸化剂是利用几种特定的有机酸和无机酸复合而成，能迅速降低 pH 值，保持良好的缓冲值和生物性能，具有用量少、成本低等优点。

2. 产品工艺剂

（1）风味剂

① 饲料用香料剂　香料剂是为增进动物食欲、掩盖饲料组分中的某些不愉快气味、增加动物喜爱的气味而在饲料中加入的香料或调味诱食剂。饲料用香料剂包括许多天然及合成香料及香精，如乳酸乙酯、乳酸丁酯、茴香油、槟榔子油等。

饲料用香料剂在幼龄动物饲料中应用较多。在仔猪饲养中，用人工乳替代母乳时需添加有母乳香味的饲用香料，断奶后 3 周随人工乳成分的改变，要逐步改变饲用香料，随采食量增加应增添柑橘味或甜味香料剂。

② 饲用着色剂　饲用着色剂是为提高动物产品的外观颜色和商业价值加入的色素制剂。多用于蛋鸡和肉鸡饲料中，用以增加蛋黄和肉鸡皮肤的颜色。我国食品添加剂已批准使用的着色剂有苋菜红、胭脂红、柠檬黄、日落黄等，可借用于饲料添加剂。此外，食用色素、类胡萝卜素、叶黄素等均可作为饲用着色剂。目前世界上应用最广泛的饲用着色剂是类胡萝卜素。禽的饲料色素主要来源于玉米、苜蓿和草粉，其中所含的类胡萝卜素主要为黄-橙色的叶素和玉米黄质，二者统称为胡萝卜素醇或叶黄素。

（2）储藏剂

① 防腐防霉剂　防腐防霉剂主要有以下几种产品。

a. 丙酸及其盐　包括丙酸、丙酸钠和丙酸钙三种。丙酸主要用作青储饲料的防腐剂，因其有强烈的臭味，影响饲料的适口性，所以一般不作为饲料添加剂。丙酸钠无臭味，没有挥发性，防腐持久性比丙酸好，小部分用于青储，大部分用作添加剂。丙酸钙也用作饲料添加剂，效果不如丙酸钠。添加量，丙酸在青储料中 3% 以下，配合饲料中 0.3% 以下，视具体情况定。

b. 山梨酸与山梨酸钾　价格较高，现在美国只将其用作观赏动物饲料添加剂。

c. 苯甲酸与苯甲酸钠　苯甲酸又名安息香酸，有一定毒性，在饲料中使用较少，用量要求不超过饲料总量的 0.1%。

d. 柠檬酸和柠檬酸钠　柠檬酸是最重要的食品酸味剂，也是重要的有机酸。在饲料中添加柠檬酸，一方面可调节饲料及胃中的 pH 值，起饲料防腐、杀伤饲料及肠道微生物以及提高幼畜生产性能的作用；另一方面它还是抗氧化剂的增效剂。

e. 甲酸及其盐类　有甲酸、甲酸钠、甲酸钙。甲酸又名蚁酸，有刺激性和腐蚀性，青储料用。

f. 乳酸及其盐类　有乳酸钙、乳酸亚铁。乳酸是最重要的食品酸味剂和防腐剂之一，同时也是重要的饲用酸味剂。在饲料中添加此类作为防腐剂时，还有营养强化作用，因而也将乳酸盐列为矿物质添加剂。

② 饲料抗氧化剂

a. 乙氧基喹啉（山道喹 EMQ）　$C_{14}H_{19}NO$，相对分子质量为 217.31，黄褐色或褐色黏性液体，稍有异味，极易溶于丙酮、氯仿等有机溶剂，而几乎不溶于水。遇空气或受光线照射便慢慢氧化而变色。世界各国普遍将乙氧基喹啉用作动物性油脂、苜蓿、鱼粉或配合饲料的抗氧化剂。

b. 二丁基羟基甲苯（BHT）　$C_{15}H_{24}O$，相对分子质量为 220.35，无色或白色的结晶或粉末，无味或稍有气味，易溶于植物油、酒精或有机溶剂，几乎不溶于水和丙二醇。

c. 丁羟基茴香醚（BHA）　$C_{11}H_{16}O_2$，相对分子质量为 180.25，无色或带黄褐色的结晶，或白色结晶性粉末，无味；易溶于猪油和植物油中，极易溶于丙二醇、丙酮和乙醇中，但几乎不溶于水。可作为食用油脂、黄油、人造黄油和维生素 A 等的抗氧化剂，与 BHT 并用有互补的效果。目前在饲料中使用不多。

（3）工艺用剂

① 流散剂（抗结块剂）　其主要作用是使饲料和添加剂保持较好的流动性，以利于在自动控制的饲料加工中的混合及输送操作。食盐、尿素、含结晶水的硫酸盐等最易吸潮和结块，使用流散剂可以调整这些性状，使它们容易流动、散开、不黏着，提高了泻注性，改善了饲料混合均匀度。常用的流散剂有天然的和合成的硅酸化合物和硬脂酸盐类，如硬脂酸钾、硬脂酸钠、硬脂酸钙、二氧化硅、硅藻土、硅酸镁、硅酸钙、硅酸铝钠等。流散剂的用量可占配合饲料的 0.5%～2%，视流散剂的种类和使用目的不同而异。

② 黏结剂　黏结剂又称制粒剂、黏合剂。用于颗粒饲料和饵料的制作，目的是减少粉尘损失，提高颗粒料的牢固程度，减少造粒过程中压膜受损，是加工工艺中常用的添加剂。特别是对添加油脂不易造粒的饲料，更要使用黏结剂。常用的黏结剂有膨润土、高岭土、木质素磺酸盐、羧甲基纤维素及其钠盐、聚丙烯酸钠、海棠酸钠、聚甲基脲、酪朊酸钠、α-淀粉、糖蜜及水解皮革蛋白粉等，其中后 3 种本身还具有营养作用。

3. 中草药添加剂

中草药来源于天然的动植物或矿物质，本身含有丰富的维生素、蛋白质和矿物质，在饲料中添加除可以补充营养外，还有促进生长、增强动物体质、提高抗病力的作用。中草药是天然药物，与抗生素或化学合成药物相比，具有毒性低、无残留、副作用小并对人类医学用药不影响等优越性。同时，中草药资源丰富，来源广、价格低廉、作用广泛，是值得重视开发的具有中国特色的饲料添加剂。下面介绍几个简易的中草药添加剂。

① 促长保健剂　选用何首乌 30%、白芍 25%、陈皮 15%、神曲 15%、石菖蒲 10% 和山楂 5%，经晒干、研磨、混匀后即成肥猪散。饲喂 25kg 以上的肥育猪每头每天 25～30g，可提高增重 26%，饲料转化率提高 16%。

② 补气壮阳、养血滋阴保健剂　用刺五加浸剂饲喂产蛋鸡，产蛋量和蛋重均提高 20% 以上。用淫羊藿、山药、当归等组方添加于蛋鸡料中，也可提高蛋重和产蛋率。

③ 驱虫保健剂　老鹳草全草混饲可防治仔猪白痢；白头翁、苦参、龙胆组方添加于雏鸡料中，可防治雏鸡白痢；仙鹤草、地榆、常山等可防治鸡球虫病；海带粉可按每千克体重 2g 的剂量长期饲喂，对兔球虫病有良好的防治效果。

4. 其他类饲料添加剂

① 乳化剂　乳化剂是一种分子中具有亲水基和亲油基的物质，性状介于油和水之间，能使一方均匀地分布于另一方中间，从而形成稳定的乳浊液。利用这一特性可以改善或稳定饲料的物理性质。常用的乳化剂有动植物胶类、脂肪酸、大豆磷脂、丙二醇、木质素酸盐、单硬脂酸甘油酯等。

② 缓冲剂　最常用的是碳酸氢钠，俗称小苏打，还有石灰石、氢氧化铝、氧化镁、磷酸氢钙等。这类物质可增加机体的碱储备，防治代谢性酸中毒，饲用后可中和胃酸，溶解黏液，促进消化，应用于反刍动物可调整瘤胃 pH 值，平衡电解质，增加产乳量和提高乳脂率，也可防止产蛋鸡因热应激引起蛋壳质量下降。

③ 除臭剂　具有抑制畜禽排泄物臭味的特殊功能。除臭剂主要成分多为丝兰植物提取物。

近年来，兽药和高污染型饲料添加剂使用过量，致畸、致癌、致突变及耐药性等问题已引起人们的极大关注。因而，酶制剂、微生态制剂和中草药饲料添加剂的研制与应用得到了长足的发展，这三类饲料添加剂被人们称为"绿色添加剂"。

三、饲料添加剂使用注意事项

饲料添加剂作为配合饲料的核心部分，在饲料工业和养殖业中具有非常重要的作用，因此，科学、合理使用饲料添加剂是畜牧生产特别是饲料生产与利用中的重要环节。在饲料添加剂的使用过程中应注意以下问题。

1. 要符合有关的法律法规

所使用的饲料添加剂必须符合《饲料卫生标准》《饲料标签标准》和饲料添加剂标准的有关规定，必须是我国农业部公布的《允许使用的饲料添加剂品种目录》所规定的品种和取得生产产品批准文号的新饲料添加剂品种，并且应是具有农业部颁发的饲料添加剂生产许可证的企业生产的、具有产品批准文号的产品。饲料添加剂的使用应遵照饲料标签所规定的用法和用量。药物饲料添加剂的使用应按照我国农业部发布的《饲料药物添加剂使用规范》执行，使用药物饲料添加剂应严格执行休药期制度，饲料中不应直接添加兽药。

2．严禁使用违禁药物

对养殖场、饲料厂、添加剂厂要进行培训和教育，禁止使用会给动物机体和畜产品带来安全隐患的添加剂，如子宫兴奋剂、镇静剂、激素等。对违反者要严厉查处。对药物添加剂的管理与添加应有专人负责，并有完整详细的书面记录。饲料中使用药物添加剂要遵循逐级稀释扩大的方法进行，确保其均匀性。要定期、及时清理粉碎、混合、输送、储藏药物添加剂的设备及系统，避免污染其他饲料。

3．谨慎使用抗生素

慎用抗生素，减少对抗生素使用的依赖性和随意性，特别是滥用抗生素。抗生素除了在幼龄畜禽、环境恶劣、发病率高时应用效果较佳外，在许多情况下并无太大的作用。养殖企业应最大限度地减少抗生素用量，严格执行停药期，坚持人、畜用药分开的原则。

4．科学配制与使用饲料添加剂

（1）选择合适的添加剂种类　饲料添加剂种类很多，同时具有不同的特点、品质要求和功效。在应用前要充分了解这方面的知识，并根据饲养目的、动物种类、生理阶段、气候条件等加以选择。

（2）适时适量添加　切实掌握饲料添加剂的使用量、中毒量和致死量，注意使用期限，防止动物产生生理障碍和不良后果，特别是维生素类添加剂和某些微量元素添加剂的添加量要严格控制，防止因过量而产生严重后果。

（3）注意添加方式和适用对象　饲料添加剂除了一些专门溶于

水中饮用的外，一般只能混于干料中喂给。用时按说明书进行，不能随便改变使用方式。此外，也要注意饲料添加剂的适用对象，如有毒（砷、硒等）或产生不良风味的饲料添加剂不能用于奶牛、奶羊等产奶动物，否则会影响奶产品的品质和损害人类健康。

（4）注意配伍禁忌　准确掌握饲料添加剂之间的配伍禁忌，注意矿物质、维生素及其相互间的拮抗关系。如过量胆碱会影响 Ca、P 的吸收；有高剂量矿物元素、氯化胆碱及高水分存在时，维生素添加剂易受破坏。

（5）混合要均匀　饲料添加剂加到配合饲料中时，一般先混于少量饲料中，再逐级放大，一定要混合均匀，否则会导致配合饲料出现一部分成分缺乏而另一部分成分过量的现象，引起动物营养缺乏或中毒。

（6）合理储存　饲料添加剂应储存于干燥、低温及避光处。

第三章 营养物质在猪体内的代谢过程

第一节 水的代谢

水是一种养分，对动物极为重要，动物体内水的含量在50%～80%之间。动物在绝食状态下，消耗体内几乎全部脂肪、半数蛋白质或失去40%的体重时，仍能生存。但动物体水分丧失10%就会引起生理失常，代谢紊乱；失水20%则会导致死亡。因此，充分认识水的营养生理作用，保证动物水的供给和饮水卫生，对动物的健康和生产具有重要意义。

一、水的生理作用

1. 维持组织、器官的形态

动物体内的水大部分与蛋白质结合成亲水胶体，成为结合水，直接参与构成活的细胞与组织，这种结合水能使组织器官有一定的形态、硬度及弹性，以利于完成各自的机能。

2. 作为动物体内重要的溶剂

动物体内水的代谢与电解质的代谢紧密结合。各种营养物质的消化吸收、转运及代谢废物的排出，均需溶解在水中才能进行。

3. 作为生化反应的媒介

动物体内的化学反应是在水媒介中进行的，水不仅参与体内的水解、水合反应，还参与氧化还原反应、有机物质分解以及细胞呼吸过程等。

4. 调节体温

水的比热大，导热性好，蒸发热高，有利于恒温动物体温的调节。蒸发少量的汗，就能散发大量的热，这对具有汗腺的动物更为重要。猪脂肪层厚，汗腺不发达，但它通过人为冲凉或在水中打溺，可以借助于沾在体表的水分蒸发来散热。

5. 润滑作用

水具有润滑作用，体腔内和各器官间的组织液可减少器官间的摩擦力，通过体液的循环，还可加强各器官联系，并可使器官运动灵活。

6. 维持体液平衡

水能稀释细胞内容物和体液，使物质能在细胞内、体液内和消化道内保持相对的自由运动，保持体内矿物质的离子平衡，保持物质在体内的正常代谢。水还通过尿液、粪便、汗液等形式，排出消化道未消化废物和代谢产物。

二、水的缺乏

猪短期缺水，幼仔生长受阻，肥育猪增重缓慢，泌乳母猪产奶量急剧下降。据报道，猪在屠宰前24h内不给水，会限制采食量，导致体重损失5.5%，表观胴体重减少1.9kg。猪长期饮水不足，会损害健康。当猪体失水1%～2%（以体重计），就会出现干渴、采食量减退、生产下降；失水8%，出现严重干渴、食欲丧失、抗病力减弱。

严重缺水会危及猪的生命。长期缺水饥饿的猪，各组织器官缺水、血液浓稠，营养物质代谢发生障碍，组织中脂肪和蛋白质分解加强，体温升高，常因组织内积蓄有毒代谢产物而死亡。实际上，猪得不到水分比得不到饲料更难维持生命，尤其是高温季节。因此，必须保证供水。

三、猪的需水量

猪对水的需求比对其他营养物质的需求更重要。估计猪的最低需水量因多种因素影响而比较困难。在生产实践中，猪的需水量常以采食饲料干物质量估计，因为在适宜的温度条件下，采食饲料干物质量与需水量之间有高度的相关性，每采食1kg饲料干物质，猪约需水2～3kg，在高温环境里需水量可增至4～4.5kg。适宜环境条件下猪对水的日需要量约为 11~19kg。

　　哺乳仔猪在出生 1~2 天内就要饮水，在第 1 周，每头仔猪每日每千克体重需要 190g 水（包括母猪乳汁中的水）。仔猪在诱食补料期间，采食量很少；但如果不供应饮水，采食量会更少。对人工哺育的仔猪来说，水和料的比例要保持在 2.8~4.3 的范围内。10~22 周龄开始自由采食，自由饮水情况下，水料比平均为 2.56。未配种的青年母猪，发情期采食量和饮水量都降低，妊娠后备母猪饮水量随着干物质采食量的增加而增加。

四、影响猪需水量的因素

1. 年龄
幼龄猪的需水量多于成年猪。

2. 生理状态
生理状态不同，猪的需水量不同。如妊娠母畜需水量多于空怀的母畜，泌乳期的猪多于干奶期的猪。空怀母猪每天饮水 11.5kg，妊娠母猪增加到 20kg。哺乳母猪每天饮水也是 20kg。公猪饮水需要量没有比较准确的资料，可自由饮水。腹泻时，粪便中的水损失多，猪的需水量增加。发烧引起呼吸频繁等，也会引起需水量的增加。盐和蛋白质采食量增加引起的过度泌尿会显著增加需水量。奶虽然含水 80%，但也是导致机体缺水的高蛋白质和高矿物质食物。

3. 饲料性质
饲料中粗蛋白、矿物盐及粗纤维的含量高时，畜体为排出多余的矿物盐和蛋白质代谢产物需要有较多的水加以稀释、溶解及粗纤维的酵解，猪的需水量增加。

4. 环境因素
气温对猪需水量有显著影响。气温愈高则猪需水愈多，通常气温若高于 30℃，猪的需水量即明显增多，气温低于 10℃，则需水量明显减少。例如，猪在 7~22℃ 时，水和饲料干物质比约为（2.1~2.7）:1；气温升高到 30~33℃ 时，水和饲料干物质之比需提高到（2.8~5.0）:1。

第二节 碳水化合物的代谢

碳水化合物是自然界中分布最广、数量最多的有机物，也是猪饲料中含量最多的营养物质，主要存在于植物性饲料中，通常占干物质的 $50\%\sim75\%$。植物以水和二氧化碳为原料，进行光合作用合成碳水化合物，分子式通常为 $(CH_2O)_n$。

一、碳水化合物的生理作用

1. 供能储能作用

在常规饲料中，碳水化合物是能量最主要、最经济的来源，用以维持体温恒定，保证猪的生命活动，如呼吸、胃肠蠕动、血液循环、肌肉活动等，作为组织生长、更新的动力。

碳水化合物除了直接氧化供能外，多余的部分，猪体内可以将其转化成肝糖原、肌糖原和脂肪储存起来，泌乳母猪可用采食的碳水化合物合成乳糖、乳脂肪等乳汁成分。胎儿在妊娠后期能储积大量糖原和脂肪供出生后作为能源利用，值得注意的是仔猪总糖原含量高、肝糖原含量低，这可能与仔猪出生后几天产生低血糖、难于克服能量供给不足和抵抗应激能力极差有关。

2. 猪体组织器官的重要构成成分

碳水化合物普遍存在于猪体各种组织中，如五碳糖中核糖及脱氢核糖是细胞核酸的构成物质，黏多糖参与形成结缔组织基质，糖脂是神经细胞的组成成分，碳水化合物还与蛋白质结合成糖蛋白，是细胞膜的组成成分，碳水化合物也是某些氨基酸的合成物质。

3. 合成乳脂和乳糖的重要原料

猪主要利用葡萄糖合成乳脂，母猪乳腺可以利用葡萄糖合成肉豆蔻酸和一些其他脂肪酸。乳中的乳糖由葡萄糖合成。

4. 粗纤维对猪的作用

碳水化合物中的粗纤维虽然作为猪的能量来源的意义不大，但粗纤维体积大、吸水性强，不易消化，可充填胃肠容积，使猪食后有饱腹感；并可刺激消化道黏膜，促进胃肠蠕动、消化液的分泌和粪便的排出。

5. 调节肠道微生态

碳水化合物中的寡糖已知有 1000 种以上，目前在动物营养中常用的主要有寡果糖、寡甘露糖、寡乳糖、寡木糖。由于猪肠道消化酶系中没有合适的分解酶，一些寡糖类碳水化合物在猪消化道内不易水解。但它们可以作为能源刺激肠道有益微生物的增殖，建立健康的肠道微生物区系，同时寡糖还可以清除消化道内病原菌，阻断有害病原菌通过植物凝血素对肠黏膜细胞的黏附，改善肠道环境乃至整个机体的健康，促进生长，提高饲料利用率。寡糖作为一种稳定、安全、环保性良好的抗生素替代物，在畜牧业生产中有着广阔的发展前景。

二、碳水化合物在猪体内的代谢过程与特点

碳水化合物在猪体内的代谢方式有两种，一种是葡萄糖代谢；另一种是挥发性脂肪酸代谢。其过程简式如下。

碳水化合物中的营养性碳水化合物（主要指无氮浸出物）和结构性碳水化合物（主要指粗纤维）在化学组成上颇为相似，均以葡萄糖为基本结构单位，但由于结构不同，它们的消化途径和代谢产物完全不同。

1. 无氮浸出物的营养代谢

无氮浸出物主要包括淀粉和糖类，主要在消化道前段（口腔到回肠末端）消化吸收，猪采食后进入口腔，猪口腔的唾液淀粉酶活性较强，少部分淀粉经唾液淀粉酶的作用水解为麦芽糖等；胃本身不含有消化碳水化合物的酶类，而是由饲料从口腔带入部分淀粉酶，猪胃内大部分为酸性环境，淀粉酶失去活性，只有在贲门腺区和盲囊区内，一部分淀粉在唾液淀粉酶的作用下水解为麦芽糖，小

肠中含有消化碳水化合物的各种酶，其消化过程如下。

淀粉 $\xrightarrow{\text{胰淀粉酶、肠淀粉酶}}$ 麦芽糖 $\xrightarrow{\text{麦芽糖酶}}$ 葡萄糖

蔗糖 $\xrightarrow{\text{蔗糖酶}}$ 葡萄糖＋果糖

乳糖 $\xrightarrow{\text{乳糖酶}}$ 葡萄糖＋半乳糖

无氮浸出物的最终分解产物是各种单糖，其中大部分由小肠壁吸收进入血液，输送至肝脏，在肝脏中，其他单糖都转变成葡萄糖。其中大部分葡萄糖经体循环输送至身体各组织，参加循环，氧化释放能量，供动物需要；一部分葡萄糖在肝脏合成肝糖原；一部分葡萄糖通过血液输送至肌肉，形成肌糖原；再有过多的葡萄糖时，则被输送到动物脂肪组织的细胞中合成体脂肪作为储备。

2. 粗纤维的代谢

粗纤维由纤维素、半纤维素、木质素等组成，主要在消化道后段（回肠末端以后）消化吸收，猪体本身不产生消化粗纤维的酶，只是靠盲肠与结肠里微生物的发酵作用，将部分粗纤维转变为挥发性脂肪酸（如乙酸、丙酸、丁酸等），再被猪吸收利用。

进入肠后段的碳水化合物以结构性多糖为主，包括部分在肠前段末被消化吸收的营养性碳水化合物。因肠后段黏膜分泌物不含消化酶，这些物质由微生物发酵分解，主要产物为挥发性脂肪酸（volatile fatty acid，VFA）、二氧化碳和甲烷。部分挥发性脂肪酸通过肠壁扩散进入体内，而气体则主要由肛门逸出体外。猪对苜蓿干草中纤维物质的消化率仅为18%，而马却高达39%。

碳水化合物在猪后肠发酵分解受年龄和饲粮结构影响较大，低纤维饲粮发酵产生的乳酸量相对较大。正常情况下，乳酸，包括来自回肠的乳酸都很快转变成丙酸。乳酸菌发酵产生的乳酸、乙醇等物质也能被迅速吸收。

3. 猪对碳水化合物的代谢特点

总的来看，猪对碳水化合物的代谢特点是在消化酶的作用下，以淀粉形成葡萄糖为主，消化吸收的主要场所是小肠。以粗纤维形

成挥发性脂肪酸（VFA）为辅助代谢方式，在大肠中靠细菌发酵进行，其营养作用较小，因此，猪能大量利用淀粉和各类单、双糖，但不能大量利用粗纤维。所以，在猪的饲养实践中，饲粮中粗纤维水平不宜过高，对于生长肥育猪粗纤维水平应控制在 $4\% \sim 8\%$，对母猪可在 $10\% \sim 12\%$。

三、粗纤维在猪饲养中的作用

（一）积极作用

1. 提供能量

有研究表明，粗纤维在猪后肠发酵后可满足其维持能量需要量的 $10\% \sim 30\%$。

2. 影响消化生理

粗纤维对猪消化道尤其是肠道形态结构、动力、消化道酶液的分泌和酶活性都具有影响。

3. 粗纤维刺激胃肠发育和蠕动

适量的粗纤维可维持胃肠正常蠕动和促进粪便排泄。

4. 改善体质及猪产品品质

适量粗纤维可有效地降低血清胆固醇水平，改善胴体质，提高瘦肉率，提高乳脂率。猪生产中有时需要限制饲养，如瘦肉型猪的饲养，可利用粗纤维调节能量浓度，以达到提高瘦肉率的目的。

5. 解毒作用

饲料粗纤维可吸附饲料和消化道中产生的某些有害物质，使其排出体外。适量的粗纤维在后肠发酵，可降低后肠内容物的 pH 值，抑制大肠杆菌等病原菌的生长，防止仔猪腹泻的发生。

6. 降低饲料成本

粗饲料价格低廉，在保证饲料有效营养价值的前提下，在饲料中适量使用可降低成本。

（二）消极作用

作为妨碍物质，影响营养物质与消化酶的接触，消化率低，适口性差，并影响其他养分的消化。试验表明，饲料中粗纤维含量越高，则各种营养物质（包括自身）的消化率越低，其中起主导干扰和妨碍作用的是木质素。每增加 1％ 木质素，可降低有机质的消化率 4.49％，而且木质素过多可引起便秘，如小麦秸、稻壳、花生壳等的木质素含量都很高，在饲料中添加不宜过多。

第三节　蛋白质的代谢

蛋白质是一种复杂的高分子有机化合物，是一切生命现象的物质基础，不能由其他任何物质替代。一切生命活动均与蛋白质密切相关，因此，蛋白质在动物机体生命活动过程中具有特殊的重要作用。

一、蛋白质的生理作用

1. 蛋白质是组成体组织、体细胞的基本成分

蛋白质是机体的结构成分，猪的肌肉、神经、结缔组织、皮肤、被毛和血液等基本成分都是蛋白质。

2. 蛋白质是体组织再生、修复和更新的必需物质

猪体在新陈代谢过程中，组织细胞通过蛋白质的不断分解与合成而更新，这种更新过程正是生命的最基本特征。即使成年猪在其体蛋白含量基本恒定的情况下，亦需要不断摄入蛋白质以补充体组织蛋白合成之需，这是因为组织蛋白质在更新过程中分解生成的氨基酸并不能全部用于再合成蛋白质，其中有一小部分氨基酸经一系列变化而分解为尿素、尿酸及其他代谢产物而排出体外。

3. 蛋白质是体内功能物质的主要成分

作为猪机体生命和代谢活动的催化剂——酶，猪体内几乎所有生物化学反应都是在酶的催化下进行和完成的，这些酶有些属于水解酶，在分解代谢中起作用，有些则在合成代谢中起作用。

某些蛋白质具有激素的功能，对营养物质的代谢起调节作用，如胰岛素参与血糖的代谢调节，能降低血液中葡萄糖的含量。

有些蛋白质（抗体或免疫球蛋白）能与外来的蛋白质或抗原结合，使猪具有免疫和防御机能，排除外来物质对机体正常生命活动的干扰。

4. 可作为能源物质

蛋白质的主要营养作用不是氧化供能，但在分解过程中，可氧化产生部分能量，尤其是在猪体内，当供给能量的碳水化合物和脂类不足时，蛋白质可以在体内分解、氧化供能，以弥补能源的不足。

此外，蛋白质对维持体内的渗透压和水分的正常分布也起着重要的作用，蛋白质还具有控制或调节遗传物质核酸的作用。

二、蛋白质在猪体内的代谢过程与需要特点

（一）猪对蛋白质的消化与代谢

1. 消化过程

猪进食的饲料蛋白质进入胃，在胃酸和胃蛋白酶的作用下，部分蛋白质被分解为分子较少的胨与胨，然后随同未被消化的蛋白质一同进入小肠继续进行消化，蛋白质和大分子肽在小肠中经胰蛋白酶和糜蛋白酶的作用消化分解而生成大量游离氨基酸和小分子肽（寡肽），在胃和小肠未被消化的饲料蛋白质经由大肠以粪的形式排出体外，其中部分蛋白质可降解为吲哚、粪臭素、酚、H_2S、NH_3和氨基酸，细菌虽可利用 NH_3 和氨基酸合成菌体蛋白质，但最终还是随粪便排出。

2. 吸收

猪主要以氨基酸的形式吸收利用蛋白质，其吸收部位在小肠，而且主要在十二指肠部位，亦可吸收少量寡肽。肠道黏膜细胞对氨基酸的吸收形式为主动转运，在大多数情况下需要钠离子参与。维生素 B_6 可提高正常氨基酸的转运。在蛋白质的消化吸收过程中，由于只有游离氨基酸能通过门静脉进入肝脏，所以氨基酸的吸收率取决于肠道中氨基酸的组成成分。同一类氨基酸之间有竞争作用，

但不影响另一类氨基酸的吸收。

各氨基酸吸收速度顺序为胱氨酸＞蛋氨酸＞色氨酸＞亮氨酸＞苯丙氨酸＞赖氨酸≈丙氨酸＞丝氨酸＞天冬氨酸＞谷氨酸。

初生仔猪可以在出生后 $24\sim36h$ 内直接吸收母乳中完整的免疫球蛋白，如初乳中的 γ-球蛋白，使机体获得免疫力。因此，及时给新生仔猪吃上初乳，获得足够的抗体是非常重要的。

3. 代谢

蛋白质在体内不断发生分解和合成，由于蛋白质无论是外源性蛋白质还是内源性蛋白质，均是首先分解为氨基酸，然后进行代谢，因此，蛋白质代谢实质上是氨基酸的代谢。

通常将饲料蛋白质在消化酶作用下分解产生的氨基酸称为"外源性氨基酸"，而将体组织在组织蛋白酶作用下分解产生的氨基酸和由非蛋白质物质在体内合成的氨基酸称为"内源性氨基酸"，二者联合构成氨基酸代谢池，共同进行代谢，二者均经血液循环而到达全身各个器官，并进入各种组织细胞进行代谢。在代谢过程中，氨基酸可用于合成组织蛋白，供机体组织的更新、生长、形成动物产品的需要，还可用于合成各种活性物质，未用于合成组织蛋白和生物活性物质的氨基酸则在细胞内分解，经脱氨基作用生成 NH_3，猪将其转化为尿素排出体外；非含氮部分则氧化分解为 CO_2 和 H_2O，并释放能量或转化为脂肪和糖原作为能源储备，过程见图 3-1。

（二）猪对蛋白质的需要特点

猪对蛋白质消化吸收的主要场所是小肠，并在酶的作用下，最终以大量氨基酸和少量寡肽的形式被机体吸收、利用，而大肠的细菌虽然可利用少量非蛋白氮合成菌体蛋白质，但最终绝大部分还是随粪便排出，因此，猪能大量利用饲料中蛋白质，而不能大量利用非蛋白氮。

理想蛋白质就是氨基酸平衡的蛋白质，是各种必需氨基酸之间及必需氨基酸总量与非必需氨基酸总量之间具有最佳比例的蛋白

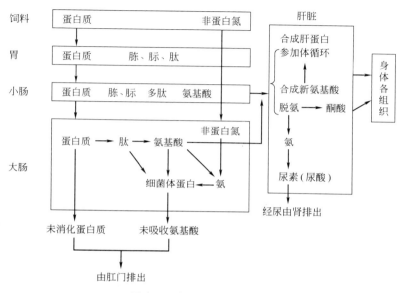

图 3-1　猪对蛋白质的代谢

质。从理论上讲各种氨基酸成比例地参与某一蛋白质代谢过程，是以某种氨基酸的最低值为基准，循此比例参与代谢，超过此比例要求的所有过量的氨基酸，都不能参与代谢，结果蛋白质浪费，生产性能降低。

　　理想蛋白质模式又称氨基酸平衡模式，通常以赖氨酸作为100，其他氨基酸用相对比例表示。

　　目前，已建成猪的理想蛋白质模式。理想蛋白质用于生产实践的关键：一是第一限制性氨基酸的喂量；二是其余氨基酸的变异幅度；三是非必需氨基酸的保证量；四是常用饲粮蛋白质与理想蛋白质的差距。运用理想蛋白质最核心的问题是以第一限制性氨基酸为标准确定饲粮蛋白质和氨基酸水平。

三、猪的必需氨基酸

　　饲料中的蛋白质最终以氨基酸的形式吸收代谢，因此猪的蛋白质营养实质上就是氨基酸营养。根据氨基酸的营养特性可分为必需氨基酸（EAA）和非必需氨基酸（UEAA）。EAA 是指在猪体内不能合成或合成数量不能满足猪的生理需要而必须由饲料提供的氨基酸，与此相比那些在猪体内可以合成且合成数量可以满足猪的生理需要的氨基酸就是 UEAA。对成年猪来说 EAA 包括赖氨酸、蛋氨酸、色氨酸、异亮氨酸、亮氨酸、苯丙氨酸、缬氨酸、苏氨酸。对生长猪来说有 10 种，上面的 8 种再加上精氨酸和组氨酸。

从饲料供应角度，氨基酸有必需与非必需之分；但从营养角度考虑，二者都是动物合成体蛋白和合成产品所必需，且它们之间的关系密切，某些必需氨基酸是合成某些特定非必需氨基酸的前体，如果饲粮中某些非必需氨基酸不足时则会动用必需氨基酸来转化代替。这点在饲养实践中不可忽视，研究表明蛋氨酸脱甲基后可转变为胱氨酸和半胱氨酸。猪对胱氨酸需要量的 30% 可由蛋氨酸来满足。若给猪充分提供胱氨酸即可节省蛋氨酸；提供充足的酪氨酸可节省苯丙氨酸；丝氨酸和甘氨酸在吡哆醇的参与下可相互转化。

谷实类饲料中赖氨酸是猪的第一限制性氨基酸，蛋白质饲料中一般蛋氨酸比较缺乏。大多数玉米-豆粕型日粮，赖氨酸是猪的第一限制性氨基酸。

四、猪的蛋白质过量与缺乏

1. 蛋白质缺乏对猪的影响

日粮中缺乏蛋白质对于猪的健康、生产性能和产品品质均会产生不良影响。猪体储备蛋白质的能力极其有限，在最良好的营养条件下，猪体蛋白质储备量亦不超过体蛋白的 5%～6%，当进食蛋白质减少时，储备蛋白质将很快被猪消耗殆尽。所以必须经常由日粮供给猪适宜数量和品质的蛋白质，否则很快即会出现氮的负平衡，从而危害猪的健康和降低生产性能，其后果主要表现为以下几个方面。

（1）消化机能紊乱 日粮蛋白质缺乏会首先影响胃肠黏膜及其分泌消化液的腺体组织蛋白的更新，从而影响消化液的正常分泌，引起消化功能紊乱。

（2）生长减缓和体重减轻　日粮中如果缺乏蛋白质仔猪将会因体内蛋白质合成代谢障碍而使体蛋白沉积减少甚至停滞，因而生长速率明显减缓，甚至停止生长。成年猪则会因体组织器官尤其是肌肉和脏器的蛋白质合成和更新不足，而使体重大幅度减轻，并且这种损害很难恢复正常。

（3）繁殖功能紊乱　日粮中若缺乏蛋白质会影响控制和调节生殖机能的重要内分泌腺——脑垂体的作用，抑制其促性腺激素的分泌。其有害影响对于公猪表现为睾丸的精子生成作用异常，精子数量和品质降低；对于母猪则表现为影响正常的发情、排卵、受精和妊娠过程，导致难孕、流产、弱胎和死胎等。

（4）生产性能下降　当日粮缺乏蛋白质时，将严重影响猪潜在生产性能的发挥，猪肉的生产将骤然减少，肉品质也明显降低。

（5）抗病力减弱，易患贫血及其他疾病　日粮中缺乏蛋白质，血液中免疫球蛋白合成减少，各种激素和酶的分泌量显著减少，从而使机体的抗病力减弱，易于发生传染性和代谢性疾病。体内不能形成足够血红蛋白和血细胞蛋白而患贫血症。

2. 蛋白质过量的危害

当日粮蛋白质含量超过机体实际需要时，过剩的蛋白质分子中的含氮部分，可通过一系列变化而转变为尿素由尿排出体外，无氮部分则作为能源而被利用。然而这种调节机制的作用是有限的，当蛋白质大量过剩以致超过了机体的调节能力时，则会造成有害的后果，主要表现为代谢机能紊乱，肝脏结构和功能损伤，加重肾脏负担，严重时可引起肝肾疾病。

五、提高蛋白质利用率的措施

目前，蛋白质饲料既短缺又昂贵，为了合理地利用有限的蛋白质资源，应采取各种措施，以提高饲料蛋白质转化效率。

1. 配合日粮时饲料应多样化

饲料种类不同，蛋白质中所含必需氨基酸的种类、数量也不同，多种饲料搭配，能起到氨基酸的互补作用，改善饲料中氨基酸的平衡，提高蛋白质的转化效率。

2. 补饲氨基酸添加剂

在合理利用饲料资源的基础上，参照饲养标准向饲粮中添加所缺乏的限制性氨基酸，从而使氨基酸达到平衡。

3. 日粮中蛋白质与能量有适当比例

正常情况下被吸收的蛋白质约 $70\% \sim 80\%$ 被猪用以合成体组织或产品，$20\% \sim 30\%$ 被分解供能，当供给能量的碳水化合物和脂肪不足时，必然会加大蛋白质的供能部分，减少合成体蛋白和瘦肉的部分，导致蛋白质转化效率降低。因此，必须合理确定日粮中蛋白质与能量之间的比例，以最大限度地减少蛋白质分解供能的部分。

4. 控制饲粮中的粗纤维水平

猪饲粮中粗纤维过多，会加快饲料通过消化道的速度，不仅使其本身消化率降低，而且影响蛋白质及其他营养物质的消化，大约粗纤维每增加 1%，蛋白质消化率降低 $1.0\% \sim 1.5\%$，因此要严格控制猪饲粮中粗纤维的水平。

5. 掌握好饲粮中蛋白质的水平

饲粮蛋白质数量适宜、品质好则蛋白质转化效率高，喂量过多，蛋白质转化效率下降，多余蛋白质只能作能源，造成浪费。

6. 豆类饲料的湿热处理

生的和加热不当的大豆及其饼粕中含有胰蛋白酶抑制剂等，胰蛋白酶抑制剂可以抑制胰蛋白酶和糜蛋白酶的活性，影响蛋白质的消化吸收，采取适当的热处理可以破坏这些有害因子。但加热时间过长或温度过高，会发生美拉德反应，影响蛋白质的利用。

7. 保证与蛋白质代谢有关的维生素和矿物质元素的供应

与蛋白质代谢相关的维生素主要有维生素 A、维生素 D 和维生素 B_{12} 等，矿物质元素中要保证铁、铜、钴等的供应。

第四节　能量代谢

动物营养所涉及的能量形式主要是化学能、动能和热能。能量以化学能的形式储存于饲料和猪体的有机物分子之中，饲料中的有机物在体外可迅速氧化分解，将化学能转换成热能。当饲料被猪采食后，其中的有机物经过消化，以葡萄糖、氨基酸、脂肪酸等形式吸收入血液，运送到全身各个组织细胞，用以维持生命和从事生产。

一、能量在猪体内的转化过程

猪饲养上常用的几种能量指标，实际上是代表饲料中能量在猪体内消化、代谢的不同阶段，用某一阶段的能量作为猪营养需要的指标和饲料营养价值评定的指标。猪多采用消化能和代谢能。饲料能量在猪体内的转化过程见图 3-2。

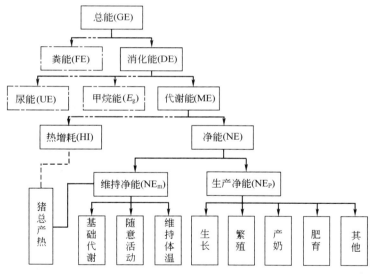

图 3-2　饲料能量在猪体内的转化过程

1. 总能 （GE）

饲料中三种有机物完全燃烧（体内为氧化）所产生的能量总和称为总能，又叫粗能或燃烧热，表示单位为 kJ/g 或 MJ/kg。

每种饲料只有一个总能值，含脂肪高的饲料总能值也高，植物性饲料的总能值没有多大差别，营养价值不同的玉米与燕麦秸的总能值分别为 18.87MJ/kg 和 18.83MJ/kg，几乎相等，这说明总能不能反映饲料的真实营养价值，并不说明被动物利用的有效程度，也绝不是饲料的全面营养价值，但是总能是评定能量代谢过程中其他能值的基础。

2. 消化能（DE）

饲料的可消化营养物质中所含的能量称为消化能，有表观消化能（ADE）和真消化能（TDE）之分。

猪采食饲料后未被消化吸收的营养物质等由粪便排出体外，粪便燃烧所产生的能量为粪能（FE），粪代谢能为 F_mE。

$$ADE = GE - FE$$
$$TDE = GE - (FE - F_mE)$$

用消化试验测定饲料的消化能。用饲料消化能评定饲料的营养价值和估计能量被吸收的程度。用总能不能区别饲料在营养价值上的差异，但消化能则可大致加以区别。

3. 代谢能（ME）

饲料的可利用营养物质中所含的能量称为代谢能，它表示饲料中真正参与动物体内代谢的能量，故又称为生理有效能。有表观代谢能（AME）和真代谢能（TME）之分。

消化能中的蛋白能量部分在机体内不能全部氧化利用，其中部分能量通过尿排出称为尿能（UE），另外消化能还包括部分消化道发酵产生的气能，即甲烷能（AE）。

$$ME = DE - UE - AE \quad 或 \quad ME = GE - FE - UE - AE$$

通常所说的消化能，指表观代谢能，用代谢能评定饲料的营养价值和能量需要，比消化能更进一步明确了饲料能量在动物体内的转化与利用程度。

测定饲料的代谢能，常采用代谢试验，即在消化试验的基础上，增加收集尿和收集甲烷的装置。

4. 净能（NE）

代谢能在动物体内转化过程中还有部分能量以热增耗的形式损失

掉。热增耗又称特殊动力作用（HI），是指绝食猪饲给饲粮后短时间内体内产生热量高于绝食代谢产热的那部分热能，它由体表散失。

热增耗包括发酵热（HF）和营养代谢热（HNM）。发酵热是指饲料在消化过程中由消化道微生物发酵产生的热量，主要是对草食动物而言，非草食动物一般忽略不计。营养代谢热是指营养物质在代谢过程中产生的热量。三大有机物质氧化分解产生的热量不能够 100% 储存于 ATP 中，进行体组织合成时也会有热能产生，另外由于采食后消化道肌肉活动、呼吸加快及内分泌系统和血液循环系统等机能加强，也会引起体热增加，在低温条件下，热增耗可作为维持猪体温的热能来源，但在高温条件下热增耗将成为动物的额外负担。

代谢能减去热增耗即为净能。

$$NE = ME - HI \text{ 或 } NE = GE - FE - UE - AE - HI$$

净能是指饲料总能中，完全用来维持猪生命活动和生产产品的能量，包括维持净能和生产净能。

测定净能除进行代谢试验外还要测定热增耗。

用净能评定饲料的营养价值又进一步，但测定比较麻烦，当今饲料营养价值表中所列净能多是推算出来的。

二、提高能量利用率的措施

1. 饲料能量利用效率

饲料能量是动物营养中的重要因素，合理利用饲料能量，提高饲料能量利用率是猪饲养中的一项重要任务。我国猪的能量评定体系一般用消化能。

猪利用饲料中能量转化为产品净能，这种投入的能量与产出的能量的比率关系称为饲料能量利用效率。

由于总能不能反映饲料真实营养价值，所以一般采用总效率和纯效率表示。

$$\text{总效率（\%）} = \frac{\text{产品能值}}{\text{进食有效能值}} \times 100\%$$

$$纯效率（\%）=\frac{产品能值}{进食有效能值-用于维持有效能值}\times100\%$$

2. 提高猪能量利用率的措施

（1）确切满足猪的需要，给猪配制全价日粮　即根据猪具体情况，参照饲养标准，满足其对能量、蛋白质、矿物质和维生素等各种营养物质的需要及相应间适宜比例，尤其应注意蛋白质的氨基酸平衡及适宜粗纤维水平。

（2）减少维持需要　维持需要是猪为维持生命活动而不产生任何猪产品的情况下，对各种营养物质的需要，属于无效生产需要，应尽量减少。如对肥育猪应减少不必要的运动，创造适宜温度和适宜的饲养水平，加强饲养管理等。

（3）减少能量损失　通过正确合理的饲料配制、加工及饲喂技术，可减少能量在转化过程中粪能、尿能、胃肠甲烷能、体增热等各种能量的损失，减少动物的维持消耗，增加生产净能。

第五节　维生素和矿物质的代谢

一、维生素的代谢

维生素是维持健康和促进生长所不可缺少的有机物质。动物对它需要量很少，通常以毫克（mg）计，每种维生素都有其特殊的作用，既不是动物的能源物质，也不是结构物质，但却是机体物质代谢过程的必须参加者，属于调节剂，维生素是食物必要的组成分，虽数量少，但作用大，而且相互间不可替代。动物缺乏维生素会发生代谢障碍引起特有的疾病，统称维生素不足症或缺乏症，数种维生素同时缺乏引起的疾病，称为多维缺乏症。在养殖业中，常由于动物饲料中供给的维生素不足或是由于消化道吸收不良或是由于特殊生理状态（妊娠、哺乳等）及慢性或急性疾病等原因，引起各种症状。某些维生素在体内有储备，短期内缺少不会很快表现出临床症状和对生产力发生影响，随着缺少的程度加重和体内消耗不断增加逐渐表现出各种症状，所以在养殖业中，要预防由于维生素缺乏引起的后果必须清楚其在日粮中的供给情况，现在日粮中添加维生素，不仅仅是为了预防或治疗维生素缺乏症，也是为了促进生长或繁殖，增强免疫力及抗应激能力，提高动物产品产量和质量，从而增加经济效益。维生素的功能、性质与缺乏症见表 3-1。

表 3-1　维生素的功能、性质与缺乏症

类别	名称	生理功能	理化性质	缺乏症
脂溶性维生素	维生素 A（视黄醇，抗干眼病维生素）	1. 维持正常视觉功能。维生素 A 在视网膜的视杆细胞中与视蛋白结合生成对光敏感的视紫红质。2. 维持上皮的正常生长和分化。3. 维持骨骼正常生长发育。缺乏时成骨细胞和破骨细胞间的平衡被破坏，骨质或过度增值，或不被吸收。4. 促进生长与生殖。5. 其他：维持正常免疫功能；抗氧化作用；抑癌作用	维生素 A 和胡萝卜素都可溶于脂肪和大多数有机溶剂，不溶于水，对酸、碱和热比较稳定，但对氧和紫外线敏感（尤其是在高温条件下）	1. 眼部症状 ① 干眼病。② 夜盲症。2. 皮肤症状。3. 骨骼系统。4. 生殖功能。5. 免疫功能
	维生素 D（钙化醇，抗佝偻病维生素）	1. 促进小肠钙吸收。2. 促进肾小管对钙、磷的重吸收，减少丢失。3. 促进骨组织的钙化。与甲状旁腺协同，使未成熟的破骨细胞提前成熟，促进骨质吸收；使旧骨中的骨盐溶解、钙、磷转运到血内，以提高血钙和血磷的浓度；刺激成骨细胞促进骨样组织成熟和骨盐沉着	以维生素 D_2（麦角钙化醇）和维生素 D_3（胆钙化醇）最为常见。维生素 D_2（麦角钙化醇）为酵母菌或麦角中的麦角固醇经紫外线光照射后的产物。维生素 D_3 来自于食物中和体内皮下组织的 7-脱氢胆固醇和紫外线光照射产生。对热、碱稳定；光、酸可破坏之	1. 佝偻病（幼畜）胸廓改变：主要有肋骨串珠、肋膈沟和漏斗胸。出现 X 形腿或 O 形腿。2. 骨软化症（成畜）
	维生素 E（生育酚，抗不育维生素）	1. 抗氧化作用。2. 保持红细胞的完整性。3. 调节体内某些物质合成。4. 其他作用：促进蛋白质更新、预防衰老、与动物的生殖功能和精子生成有关、调节血小板的黏附力和聚集作用	维生素 E 对热、光及碱性环境均较稳定，在一般烹调过程中损失不大，但在高温中，如油炸，由于氧的存在和油脂的氧化酸败，可使维生素 E 的活性明显下降	1. 动物缺乏维生素 E。首先是发生肌肉营养不良，称为白肌病，多发生于仔猪。2. 繁殖机能障碍，公畜尤为明显

类别	名称	生理功能	理化性质	缺乏症
脂溶性维生素	维生素K（叶绿醌，凝血维生素）	1. 血液凝固作用。 2. 在骨代谢中的作用	在室温是黄色油状物，其他衍生物在室温为黄色结晶。溶于脂肪及脂溶剂，不溶于水，对光和碱敏感，但对热和氧化剂相对稳定	食欲不振、衰弱、感觉过敏、贫血及凝血时间延长等
水溶性维生素	维生素B₁（硫胺素，抗脚气病因子、抗神经炎因子）	1. 构成辅酶，维持体内正常代谢。 2. 与维持食欲、胃肠道正常蠕动及消化液分泌有关。 3. 维持神经、肌肉特别是心肌的正常功能	溶于水，微溶于乙醇。耐酸、耐热，不易被氧化，在碱性环境，特别在加热时加速分解破坏。硫胺素对亚硫酸盐极为敏感，在有亚硫酸盐存在时也可迅速分解成嘧啶和噻唑，并丧失其活性。某些食物，如鱼类等含硫胺素酶，生吃鱼类时可在此酶的作用下使硫胺素失活	猪缺乏硫胺素时呈现消化机能紊乱（厌食、呕吐、腹泻等）、生长发育受阻，严重时出现痉挛，甚至突然死亡
	维生素B₂（核黄素）	1. 构成黄酶辅酶参与物质代谢。 2. 参与细胞的正常生长。 3. 其他：参与维生素B₆和烟酸的代谢；防治缺铁性贫血等	在酸性溶液中对热稳定，在碱性环境中易于分解破坏。游离型核黄素对紫外线光高度敏感，在酸性条件下可光解为光黄素，在碱性条件下光解为光色素而丧失生物活性	猪缺乏核黄素时，表现为食欲减退，生长停滞，被毛粗乱并常被脂腺渗出物所黏结，眼角分泌物增多，常伴有腹泻，往往因衰弱而不能正常站立，繁殖和泌乳性能下降

类别	名称	生理功能	理化性质	缺乏症
水溶性维生素	泛酸（遍多酸）	合成 CoA 的原料	游离的泛酸极不稳定	初期利用率降低，增重减缓，经 3 周后可出现腹泻和便血，随后发生运动机能障碍，呈现"鹅步"，最后出现脱毛、贫血，重者可致死
	维生素 B_6（吡哆醇，抗皮炎维生素）	1. 参与氨基酸代谢。 2. 参与糖原与脂肪酸代谢。 3. 其他功用：涉及脑和组织中能量转化、核酸代谢、内分泌功能等	易溶于水与乙醇，在酸性溶液中耐热，在碱性溶液中不耐热，并对光敏感	1. 生长发育严重受阻。 2. 四肢运动失调，严重时可导致癫痫性痉挛。 3. 皮肤炎症、心肌变性等症状
	烟酸（尼克酸或维生素 PP，抗癞皮病维生素）	1. 构成辅酶 Ⅰ（Co Ⅰ）或烟酰胺腺嘌呤二核苷酸（NAD^+）及辅酶 Ⅱ（Co Ⅱ）或烟酰胺腺嘌呤二核苷酸磷酸（$NADP^+$）。 2. 葡萄糖耐量因子的组成成分	烟酸对酸、碱、光、热稳定	癞皮病，表现为精神不振、生长阻滞、皮肤炎症，常因结肠和盲肠发生坏死性炎症而引起严重腹泻
	叶酸	在体内的活性形式为四氢叶酸，在体内许多重要的生物合成中作为一碳单位的载体发挥重要功能（是一碳单位转移酶系的辅酶）。可通过腺嘌呤、胸腺嘧啶影响 DNA 和 RNA 的合成；可通过蛋氨酸代谢影响磷脂、肌酸、神经介质以及血红蛋白的合成等	在酸性溶液中对热不稳定，在中性和碱性环境中稳定	皮炎，脱毛及消化、呼吸、泌尿器官的黏膜损害

续表

类别	名称	生理功能	理化性质	缺乏症
水溶性维生素	维生素B_{12}（钴胺素，抗恶性贫血病维生素）	1. 参与同型半胱氨酸甲基化转变为蛋氨酸。维生素B_{12}缺乏时，同型半胱氨酸转变为蛋氨酸受阻，可引起血清同型半胱氨酸水平升高。 2. 参与甲基丙二酸-琥珀酸的异构化反应。维生素B_{12}缺乏时，甲基丙二酸-琥珀酸的异构酶的功能受损，血清中甲基丙二酰辅酶A及其水解产物（甲基丙二酸、α-甲基柠檬酸）均升高	维生素B_{12}为红色结晶，可溶于水，在pH 4.5～5.0的弱酸性条件下最稳定，在强酸性（pH＜2.0）或碱性溶液中则分解，遇热可有一定程度的破坏，但快速高温消毒损失较小。遇到强光或紫外线易被破坏	生长迟缓
	维生素C（抗坏血酸，抗坏血病维生素）	1. 参与羟化反应。 2. 还原作用（抗氧化作用）。 3. 其他功能：解毒	溶于水，不溶于有机溶剂，在酸性环境中稳定，但在有氧、热、光和碱性环境下不稳定，特别是有氧化酶及痕量铜、铁等金属离子存在时，可促进其氧化破坏	贫血

二、矿物质的代谢

矿物质是一类无机营养物质，存在于动物体的各组织中，广泛参与体内各种代谢过程。家畜体内的各种元素中，除C、H、O、N四种元素主要以有机化合物形式存在外，其余各种元素无论含量多少，统称为矿物质或矿物质元素。

（一）矿物质的分类

1. 根据含量分为常量矿物质元素和微量矿物质元素

常量矿物质元素有Ca、P、K、Na、Cl、Mg、S，共7种。

微量元素有Fe、Cu、Co、Zn、Mn、Se、I、Mo、F、Cr、Cd、Si、Ni、As、Ab、Li、B、Br等。

2. 根据生物学作用分为必需矿物质元素、可能必需元素和非必需元素

动物所需要的，在体内具有确切生理功能和代谢作用，日粮供给不足或缺乏时可引起生理功能和结构异常，并导致缺乏症的发生，补给相应的元素，缺乏症即可消失的元素都叫必需矿物质元素。

（二）矿物质的主要营养生理功能

1. 构成畜体组织的重要原料

如钙、磷、镁是构成骨骼和牙齿的重要成分，磷、硫是组成体蛋白的重要成分。

2. 调节体内渗透压的重要物质

钠、氯、钾等可调节血液和淋巴液的渗透压恒定，以维持正常的生命活动。

3. 维持血液酸碱平衡的重要物质

矿物盐如磷酸盐、重碳酸盐等是血液中重要的缓冲物质，以维持血液 pH 为弱碱性，保证组织器官的正常机能。

4. 体内许多酶的激活剂或组成成分

镁离子即为磷酸酯酶的激活剂。

矿物质的功能、缺乏症见表 3-2。

表 3-2　矿物质的功能、缺乏症

名称		生理功能	临床表现
常量元素	钙	1. 形成和维持骨骼和牙齿的结构。 2. 维持肌肉和神经的正常活动。 3. 参与凝血过程	1. 佝偻病。 2. 软骨症或骨质疏松症
	镁	1. 激活多种酶的活性。 2. 抑制钾、钙通道。 3. 维护骨骼生长和神经肌肉的兴奋性	
	磷	1. 构成骨骼和牙齿的成分。 2. 组织细胞中很多重要成分的原料。 3. 参与许多重要生理功能。 4. 对能量的转移和酸碱平衡的维持都有重要作用	1. 佝偻病。 2. 异食癖

名称		生理功能	临床表现
常量元素	钾	1. 维持糖、蛋白质的正常代谢。 2. 维持细胞内正常渗透压。 3. 维持神经肌肉的应激性和正常功能。 4. 维持心肌的正常功能。 5. 维持细胞内外正常的酸碱平衡。 6. 降低血压	异食癖:咬尾症
	钠	1. 调节体内水分和渗透压。 2. 维持酸碱平衡。 3. 钠泵。 4. 维持血压正常。 5. 增强神经肌肉兴奋性	
	氯	1. 维持细胞外液的容量和渗透压。 2. 维持体液酸碱平衡。 3. 参与血液 CO_2 运输	
微量元素	铁	1. 铁为血红蛋白和肌红蛋白、细胞色素 A 以及一些呼吸酶的主要成分,参与体内氧与二氧化碳的运转、交换和组织呼吸过程。 2. 与红细胞形成和成熟有关	仔猪低色素小红细胞性贫血症
	碘	1. 参与能量代谢。 2. 促进代谢和体格的生长发育。 3. 促进神经系统发育。 4. 垂体激素作用	1. 早产、死产及先天畸形。 2. 甲状腺肿
	锌	1. 催化功能。 2. 结构功能。 3. 调节功能	皮肤不全角化症,以 2~3 日龄的猪发病最多
	硒	1. 构成含硒蛋白和含硒酶。 2. 抗氧化作用。 3. 对甲状腺激素的调节作用。 4. 维持正常免疫功能。 5. 维持正常生育功能	1. 营养性肝坏死。猪常因肝组织大量坏死而突然死亡。 2. 生长迟缓。运动生长缓慢,不能达到正常体重。 3. 繁殖力减退
	铜	1. 催化作用。 2. 维持正常造血、促进结缔组织形成、维护中枢神经系统的健康	1. 贫血。 2. 骨代谢不正常

第四章 猪饲料配制方法与配方

第一节 猪的营养需要与饲养标准

一、营养需要

营养需要指的是每头猪每天对能量、蛋白质、矿物质和维生素等养分的需要。营养需要是制定饲养标准的依据。运用饲养科学原理和饲料科学理论与技术来测定猪的营养需要，从而制定饲养标准，应用于饲养实践，是进行科学饲养、发展饲料工业、畜牧业和养殖业生产及动物疾病防制等所必需的。

猪在生存和生产过程中必须不断地从环境中摄取营养物质，在养殖业生产中，饲料是生产投入的最主要组成部分。从经济效益考虑，总是希望以较少的饲料消耗来获得较多的动物产品。实际上真正参与动物体内代谢，对动物的生命和生产起作用的是饲料中的各种养分或营养物质。所以，弄清动物都需要哪些营养物质，在不同生理状态、不同生产水平及不同环境条件下各种营养物质的需要量，以及各营养物质之间存在什么关系等问题，便是控制动物体与环境之间营养物质的供求关系，最大限度地发挥动物生产能力的一个重要前提。

营养需要可分为维持需要和生产需要。

二、饲养标准

（一）饲养标准的概念

根据家畜的不同种类、不同性别、不同年龄、不同体重、不同生产目的和生产水平等条件，以生产实践中积累的经验为基础，结合能量代谢试验、物质代谢试验和饲养试验的结果，科学地规定每头动物每天应给予的能量和其他营养物质的供给量，这样一种规定的标准称为饲养标准。

（二）饲养标准的内容

根据动物营养、饲料科学的研究成果和进展，饲养标准以动物为基础分类制定。现在已经制定出了猪、禽、奶牛、肉牛、绵羊、山羊、马、兔、鱼、实验动物、犬、猫、非人灵长类动物等的饲养标准或营养需要，并在动物生产和饲料工业中得到了广泛应用，对促进科学养殖，科学饲养动物起到了重要的指导作用，创造了显著的社会、经济效益。一些与人类生活密切相关的珍稀动物、观赏动物（包括动物园中的动物）等也在不同程度上有了一定的饲养标准或营养需要。随着动物生产的不断发展、人类生活需要和科学研究领域的扩大，更多种类动物的饲养标准或营养需要将不断被制定出来。

饲养标准为了适应动物的营养生理特点，对每一种动物或每一类动物分别按不同生长发育阶段、不同生理状态、不同生产性能制定营养定额，因此饲养标准具有一定的结构要求。

1. 饲养标准的组成结构

饲养标准的组成结构一般可分为 6 个组成部分，即序言、研究综述、营养定额、饲料营养价值、典型饲粮配方和参考文献。

2. 饲养标准的指标体系和指标种类

不同饲养标准或营养需要除了在制定能量、蛋白质和氨基酸定额时采用的指标体系有所不同外，其他指标所采用的体系基本相同。在确定营养指标的种类上，不同国家和地区则差异较大。

（1）能量指标体系　消化能（DE）、代谢能（ME）或净能（NE）是饲养标准确定能量定额常用的能量指标，但是在不同种类动物、不同国家或地区的具体饲养标准中，用的能量指标则有所不同。禽用 ME，世界各国都比较一致。猪的能量体系各国不完全一致，美国、加拿大等用 DE，也用 ME；欧洲各国多用 ME，也标出 DE；我国用 DE。一些曾经在历史上用过的能量单位，如可消化总养分（TDN）、饲料单位、淀粉价等，在一些饲养标准中也不同程度地同时标出。

能量指标是饲养标准的重要指标之一。它是一个综合性的营养指标，不特指某一具体营养物质。但是，来源于不同种类营养物质中的能量组成比例不同，可能对动物有不同影响。

（2）蛋白质指标体系　常用粗蛋白（CP）和可消化粗蛋白（digestible crude protein，DCP）。我国各种动物的饲养标准一般都用 CP 表示蛋白质定额。

蛋白质指标也是饲养标准的一个重要指标。它用于反映动物对总氮的需要。对猪、禽等单胃动物，主要用于反映对真蛋白质的需要。

（3）氨基酸指标体系　大多数饲养标准一般只涉及必需氨基酸（EAA），而且采用总必需氨基酸含量体系表示定量需要。按理想蛋白质考虑时，也用到非必需氨基酸或非必需氮。不同饲养标准列出的 EAA 指标种数不同。美国国家科学研究委员会（NRC）和英国农业研究委员会（ARC）《猪的营养需要》，均列出了全部必需氨酸指标。

氨基酸指标主要用于反映动物对蛋白质质量的要求。

（4）其他营养指标　不同种类饲养标准或营养需要或不同国家和地区的饲养标准列出的指标多少不同。

① 采食量　一般饲养标准均按风干物质重量列出每天的采食数量，也有按动物每天采食的能量多少列出采食的能量数量的。

② 脂肪酸　饲养标准中主要列出必需脂肪酸（EFA），一般只列出亚油酸指标。

③ 维生素　一般按脂溶性维生素和水溶性维生素的顺序列出。反刍动物一般只列出部分或全部脂溶性维生素。非反刍动物则脂溶性和水溶性维生素都部分或全部列出。NRC 和 ARC 在猪、禽营养需要中，4 个脂溶性维生素全部列出，水溶性维生素只列出 9 个。维生素 C 仅在水生动物营养需要中才列出。

④ 矿物元素　按常量元素和微量元素的顺序列出。常量元素中除了硫，一般全部列出，并列出有效磷指标。微量元素中一般只列出铁、锌、铜、锰、碘、硒等指标。其他必需矿物元素，不同饲

养标准列出的多少不统一。

⑤ 非营养素指标　传统饲养标准不包括这类指标。随着动物营养和饲料科学研究的不断深入，非营养性物质不断广泛地在饲料工业和动物生产中应用。

（三）饲养标准的作用

1. 提高动物生产效率

饲养标准的科学性和先进性，不仅是保证动物适宜、快速生长和高产的技术基础，而且也是确保动物平衡摄入营养物质，避免因摄入营养物质不平衡而增加代谢负担，甚至罹病，为动物生长和生产提供良好体内外环境的重要条件。

饲养实践证明，在饲养标准指导下饲养动物，生长动物会显著提高生长速度，生产动物产品的动物会显著提高动物产品产量。与传统的用经验饲养动物相比，生产效率和动物产品产量提高了 1 倍以上。在现代化的动物生产中，生长肥育猪的饲养周期已可以缩短到 180 天以内。产蛋鸡的产蛋能力已基本接近产蛋的遗传生理极限。

2. 提高饲料资源利用效率

利用饲养标准指导饲养动物，不但可合理满足动物的营养需要，而且可显著节约饲料，减少浪费。用传统饲养方法养两头肥育猪耗用的能量饲料，仅用少量饼（粕）生产成配合饲料后即可饲养三头肥育猪而不需要额外增加能量饲料，大大提高了饲料资源的利用效率。

3. 推动动物生产发展

饲养标准指导动物生产的高度灵活性，使动物饲养者在复杂多变的动物生产环境中，始终能做到把握好动物生产的主动权，同时通过适宜控制动物生产性能、合理利用饲料，达到了始终保证适宜生产效益的目的，也增加了生产者适应生产形势变化的能力，激励饲养者发展动物生产的积极性。一些经济和科学技术比较发达的国家和地区，动物饲养量减少，动物产品产量反而增加，这种现象明显体现了充分利用饲养标准指导和发展动物生产的作用。

4. 提高科学养殖水平

饲养标准除了能指导饲养者给动物合理供给营养，也具有帮助饲养者计划和组织饲料供给、科学决策发展规模、提高科学饲养动物的能力。

（四）饲养标准的基本特性

1. 科学性和先进性

饲养标准或营养需要是动物营养和饲料科学领域科学研究成果的概括和总结，高度反映了动物生存和生产对饲养及营养物质的客观要求，具体体现了本领域科学研究的最新进展和生产实践的最新总结。此外，总结、概括纳入饲养标准或营养需要中的营养、饲养原理和数据资料，都是以可信度很高的重复实验资料为基础的，对重复实验资料不多的部分营养指标，在饲养标准或"需要"中均有说明。这表明饲养标准是实事求是、严密认真的科学工作的成果。

2. 权威性

饲养标准的权威性首先是由其内容的科学性和先进性决定的。其次以其制定的过程和颁布机构的地位作用看，也体现了权威性。饲养标准不但是大量科学实验研究成果的总结，而且它的全部资料都要经过有关专家定期或不定期的集中严格审定，其审定结果又以专题报告的文件形式提交有关权威行政部门颁布。这样，饲养标准不仅有权威性，其严肃性也是显而易见的。

我国研究制定的猪、鸡、牛和羊等的饲养标准，均由农业部颁布。世界各国的饲养标准或营养需要均由该国的有关权威部门颁布，其中有较大影响的饲养标准有美国国家科学研究委员会（NRC）制定的各种动物的营养需要；英国农业科学研究委员会（ARC）制定的畜禽营养需要；日本的畜禽饲养标准等。它们都颇有代表性，并各有特点，值得参考。

3. 可变性

饲养标准不可能一成不变。就饲养标准本身而言，它不但随科学研究的发展而变化，也随实际生产的发展而变化。随着科学技术不断发展、实验方法不断进步、动物营养研究不断深入和定量实验研究更加精确，饲养标准或营养需要也更接近动物对营养物质摄入的实际需要。但一套标准的诞生需要多年的试验和总结，因此，标准总是落后于研究，需要不断更新、补充和完善。变化的目的是为了使饲养标准规定的营养定额尽可能满足动物对营养物质的客观要求。

应用饲养标准时，不能一成不变地按饲养标准规定供给动物的营养，必须根据具体情况调整营养定额，认真考虑保险系数。只有充分考虑饲养标准的可变性特点，才能保证对动物的经济有效供给，才能更有效地指导生产实践。

4. 条件性和局限性

饲养标准是确切衡量动物对营养物质客观要求的尺度。饲养标准的产生和应用都是有条件的，它是以特定动物为对象，在特定环境条件下研制的满足其特定生理阶段或生理状态的营养物质需要的数量定额。但在动物生产实际中，影响饲养和营养需要的因素很多，诸如同品种动物之间的个体差异、各种饲料的不同适口性及其物理特性、不同的环境条件甚至市场经济形势的变化等等，都会不同程度地影响动物的营养需要量和饲养。这种饲养标准产生和应用条件的特定性和实际动物生产条件的多样性及变化性，决定了标准的局限性，即任何饲养标准都只在一定条件下、一定范围内适用。切不可不问时间、地点、条件生搬硬套饲养标准。在利用饲养标准中的营养定额拟订饲粮、设计饲料配方、制订饲养计划等工作中，要根据不同国家、不同地区、不同环境情况和对畜禽生产性能及产品质量的不同要求，对饲养标准中的营养定额酌情进行适当调整，才能避免其局限性，增强实用性。

总之，既要肯定由饲养标准的科学性、先进性所决定的饲养标准的普遍性，即其在适用条件和范围内的普遍指导意义，又要看到条件差异形成的特殊性，在普遍性的指导下，从实际出发，灵活应用饲养标准。只有这样，才能获得预期效果。

（五）应用饲养标准的基本原则

饲养标准是发展动物生产、制订生产计划、组织饲料供给、设计饲粮配方、生产平衡饲粮、对动物实行标准化饲养管理的技术指南和科学依据。但是，如果照搬饲养标准中数据，把饲养标准看成是解决有关问题的现成答案，忽视其条件性和局限性，则难以达到预期目的。因此，应用任何一个饲养标准，充分注意以下基本原则相当重要。

1. 选用标准的适合性

要判断所选用的饲养标准是否适合被应用的对象，必须认真分析标准对应用对象的适合程度，重点把握标准所要求的条件与应用对象实际条件的差异，尽可能选择最适合应用对象的标准。首先，应考虑标准所要求的动物与应用对象是否一致或比较近似，若品种之间差异太大，则难使标准适合应用对象，如 NRC 猪的营养需要就不适合用于我国地方猪种。除了动物遗传特性以外，绝大多数情况下均可以通过合理设定保险系数使标准规定的营养定额适合应用对象的实际情况。

2. 应用标准定额的灵活性

饲养标准规定的营养定额一般只对具有广泛或比较广泛的共同基础的动物饲养有应用价值，对共同基础小的动物饲养则只有指导意义。要使标准规定的营养定额变得可行，就必须根据不同的具体情况对营养定额进行适当调整。选用按营养需要原则制定的标准，一般都要增加营养定额；选用按营养供给量原则制定的标准，营养定额增加的幅度一般比较小，甚至不增加；选用按"营养推荐量"原则制定的饲养标准，营养定额可适当增加。

3. 标准与效益的统一性

应用饲养标准规定的营养定额，不能只强调满足动物对营养物质的客观要求，而不考虑饲料生产成本。必须贯彻营养、效益（包括经济、社会和生态等效益）相统一的原则。

饲养标准中规定的营养定额实际上显示了动物的营养平衡模式，按此模式向动物供给营养，可使动物有效利用饲料中的营养物质。在饲料或动物产品市场价格变化的情况下，可以通过改变饲粮的营养浓度、不改变平衡，而达到既不浪费饲料中的营养物质、又实现调节动物产品的量和质的目的，从而体现饲养标准与效益统一性原则。

三、我国猪的营养需要

见表 4-1～表 4-9。

表 4-1　瘦肉型生长肥育猪每千克饲粮养分含量（自由采食，88%干物质）① NY/T-65—2004

体重/kg	3~8	8~20	20~35	35~60	60~90
平均体重/kg	5.5	14.0	27.5	47.5	75.0
日增重/(kg/天)	0.24	0.44	0.61	0.69	0.80
采食量/(kg/天)	0.30	0.74	1.43	1.90	2.50
饲料/增重(F/G)	1.25	1.59	2.34	2.75	3.13
饲粮消化能含量 DE/[MJ/kg(Mcal/kg)]	14.02(3.35)	13.60(3.25)	13.39(3.20)	13.39(3.20)	13.39(3.20)
饲粮代谢能含量 ME/[MJ/kg(Mcal/kg)]②	13.46(3.22)	13.06(3.12)	12.86(3.07)	12.86(3.07)	12.86(3.07)
粗蛋白 CP/%	21.0	19.0	17.8	16.4	14.5
能量蛋白比 DE/CP/[kJ/%(Mcal/%)]	668(0.16)	716(0.17)	752(0.18)	817(0.20)	923(0.22)
赖氨酸能量比 Lys/DE/[g/MJ·(g/Mcal)]	1.01(4.24)	0.85(3.56)	0.68(2.83)	0.61(2.56)	0.53(2.19)
氨基酸③					
赖氨酸/%	1.42	1.16	0.90	0.82	0.70
蛋氨酸/%	0.40	0.30	0.24	0.22	0.19
蛋氨酸+胱氨酸/%	0.81	0.66	0.51	0.48	0.40
苏氨酸/%	0.94	0.75	0.58	0.56	0.48
色氨酸/%	0.27	0.21	0.16	0.15	0.13
异亮氨酸/%	0.79	0.64	0.48	0.46	0.39
亮氨酸/%	1.42	1.13	0.85	0.78	0.63
精氨酸/%	0.56	0.46	0.35	0.30	0.21
缬氨酸/%	0.98	0.80	0.61	0.57	0.47

续表

体重/kg	3~8	8~20	20~35	35~60	60~90
组氨酸/%	0.45	0.36	0.28	0.26	0.21
苯丙氨酸/%	0.85	0.69	0.52	0.48	0.40
苯丙氨酸+酪氨酸/%	1.33	1.07	0.82	0.77	0.64
矿物元素①					
钙/%	0.88	0.74	0.62	0.55	0.49
总磷/%	0.74	0.58	0.53	0.48	0.43
非植酸磷/%	0.54	0.36	0.25	0.20	0.17
钠/%	0.25	0.15	0.12	0.10	0.10
氯/%	0.25	0.15	0.10	0.09	0.08
镁/%	0.04	0.04	0.04	0.04	0.04
钾/%	0.30	0.26	0.24	0.21	0.18
铜/mg	6.00	6.00	4.50	4.00	3.50
碘/mg	0.14	0.14	0.14	0.14	0.14
铁/mg	105	105	70	60	50
锰/mg	4.00	4.00	3.00	2.00	2.00
硒/mg	0.30	0.30	0.30	0.25	0.25
锌/mg	110	110	70	60	50
维生素和脂肪酸⑥					
维生素A/IU⑪	2200	1800	1500	1400	1300
维生素D_3/IU⑦	220	200	170	160	150
维生素E/IU⑧	16	11	11	11	11
维生素K/mg	0.50	0.50	0.50	0.50	0.50

续表

体重/kg	3~8	8~20	20~35	35~60	60~90
硫胺素/mg	1.50	1.00	1.00	1.00	1.00
核黄素/mg	4.00	3.50	2.50	2.00	2.00
泛酸/mg	12.00	10.00	8.00	7.50	7.00
烟酸/mg	20.00	15.00	10.00	8.50	7.50
吡哆醇/mg	2.00	1.50	1.00	1.00	1.00
生物素/mg	0.08	0.05	0.05	0.05	0.05
叶酸/mg	0.30	0.30	0.30	0.30	0.30
维生素 B_{12}/μg	20.00	17.50	11.00	8.00	6.00
胆碱/g	0.60	0.50	0.35	0.30	0.30
亚油酸/%	0.10	0.10	0.10	0.10	0.10

① 瘦肉率高于56.0%的公母混养群（阉公猪和青年母猪各一半）。

② 假定代谢能为消化能的96.0%。

③ 3.0~20.0kg猪的赖氨酸百分比是根据试验和经验数据的估测值，其他氨基酸需要量是根据其与赖氨酸的比例（理想蛋白质）的估测值。

④ 矿物质需要量包括饲料原料中提供的矿物质量；对于发育公猪和后备母猪，钙、总磷和有效磷的需要量应提高0.05%~0.1%。

⑤ 维生素需要量包括饲料原料中提供的维生素量。

⑥ 1IU维生素 A=0.344μg维生素 A醋酸酯。

⑦ 1IU维生素 D_3=0.025μg胆钙化醇。

⑧ 1IU维生素 E=0.67mg D-α-生育酚或1mg DL-α-生育酚醋酸酯。

注：1cal=4.18J，全书余同。

表 4-2　瘦肉型生长肥育猪每日每头养分需要量（自由采食，88%干物质）①

体重/kg	3~8	8~20	20~35	35~60	60~90
平均体重/kg	5.5	14.0	27.5	47.5	75.0
日增重/（kg/天）	0.24	0.44	0.61	0.69	0.80
日采食量/（kg/天）	0.30	0.74	1.43	1.90	2.50
饲料/增重（F/G）	1.25	1.59	2.34	2.75	3.13
饲粮消化能摄入量 DE/[MJ/kg（Mcal/kg）]	4.21(1.01)	10.06(2.41)	19.15(4.58)	25.44(6.08)	33.48(8.00)
饲粮代谢能摄入量 ME/[MJ/kg（Mcal/kg）]②	4.04(0.97)	9.66(2.31)	18.39(4.39)	24.43(5.85)	32.15(7.68)
粗蛋白 CP/g③	63.0	141.0	255.0	312.0	363.0
氨基酸③					
赖氨酸/g	4.3	8.6	12.9	15.6	17.5
蛋氨酸/g	1.2	2.2	3.4	4.2	4.8
蛋氨酸+胱氨酸/g	2.4	4.9	7.3	9.1	10.0
苏氨酸/g	2.8	5.6	8.3	10.6	12.0
色氨酸/g	0.8	1.6	2.3	2.9	3.3
异亮氨酸/g	2.4	4.7	6.7	8.7	9.8
亮氨酸/g	4.3	8.4	12.2	14.8	15.8
精氨酸/g	1.7	3.4	5.0	5.7	5.5
缬氨酸/g	2.9	5.9	8.7	10.8	11.8
组氨酸/g	1.4	2.7	4.0	4.9	5.5
苯丙氨酸/g	2.6	5.1	7.4	9.1	10.0
苯丙氨酸+酪氨酸/g	4.0	7.9	11.7	14.6	16.0

续表

体重/kg	3~8	8~20	20~35	35~60	60~90
矿物元素①					
钙/g	2.64	5.48	8.87	10.45	12.25
总磷/g	2.22	4.29	7.58	9.12	10.75
非植酸磷/g	1.62	2.66	3.58	3.80	4.25
钠/g	0.75	1.11	1.72	1.90	2.50
氯/g	0.75	1.11	1.43	1.71	2.00
镁/g	0.12	0.30	0.57	0.76	1.00
钾/g	0.90	1.92	3.43	3.99	4.50
铜/mg	1.80	4.44	6.44	7.60	8.75
碘/mg	0.04	0.10	0.20	0.27	0.35
铁/mg	31.50	77.7	100.10	114.00	125.00
锰/mg	1.20	2.96	4.29	3.80	5.00
硒/mg	0.09	0.22	0.43	0.48	0.63
锌/mg	33.00	81.40	100.10	114.00	125.00
维生素和脂肪酸⑤					
维生素A/IU⑯	660	1330	2145	2660	3250
维生素D₃/IU⑰	66	148	243	304	375
维生素E/IU⑱	5	8.5	16	21	28
维生素K/mg	0.15	0.37	0.72	0.95	1.25

续表

体重/kg	3~8	8~20	20~35	35~60	60~90
维生素和脂肪酸⑤					
硫胺素/mg	0.45	0.74	1.43	1.90	2.5
核黄素/mg	1.20	2.59	3.58	3.80	5.00
泛酸/mg	3.60	7.40	11.44	14.25	17.50
烟酸/mg	6.00	11.10	14.30	16.15	18.75
吡哆醇/mg	0.60	1.11	1.43	1.90	2.50
生物素/mg	0.02	0.04	0.07	0.10	0.13
叶酸/mg	0.09	0.22	0.43	0.57	0.75
维生素 B_{12}/μg	6.00	12.95	15.73	15.20	15.00
胆碱/g	0.18	0.37	0.50	0.57	0.75
亚油酸/g	0.30	0.74	1.43	1.90	2.50

① 瘦肉率高于56.0%的公母混养猪群（阉公猪和青年母猪各一半）。

② 假定代谢能消化能的96.0%。

③ 3.0~20.0kg猪的赖氨酸每日需要量是用表4-1中的百分率采食量的估测值，其他氨基酸需要量是根据其与赖氨酸的比例（理想蛋白质）的估测值；20.0~90.0kg猪的赖氨酸需要量是根据生长模型的估测值，其他氨基酸需要量是根据其与氨基酸的比例（理想蛋白质）的估算值。

④ 矿物质需要量包括饲料原料中提供的矿物质量；对于发育公猪和后备母猪，钙、总磷和有效磷的需要量应提高0.05%~0.1%。

⑤ 维生素需要量包括饲料原料中提供的维生素量。

⑥ 1IU维生素A=0.344μg维生素A醋酸酯。

⑦ 1IU维生素 D_3=0.025μg胆钙化醇。

⑧ 1IU维生素E=0.67mg D-α-生育酚或1mg DL-α-生育酚醋酸酯。

表4-3　瘦肉型妊娠母猪每千克饲粮养分含量（88%干物质）①

类　　别	妊娠期			妊娠前期		妊娠后期
配种体重/kg②	120~150	150~180	>180	120~150	150~180	>180
预期窝产子数/头	10	11	11	10	11	11
采食量（kg/天）	2.10	2.10	2.00	2.60	2.80	3.00
饲粮消化能 DE/[MJ/kg(Mcal/kg)]③	12.75(3.05)	12.35(2.95)	12.15(2.95)	12.75(3.05)	12.55(3.00)	12.55(3.00)
饲粮代谢能 ME/[MJ/kg(Mcal/kg)]③④	12.25(2.93)	11.85(2.83)	11.65(2.83)	12.25(2.93)	12.05(2.88)	12.05(2.88)
粗蛋白 CP/%④	13.0	12.0	12.0	14.0	13.0	12.0
氨基酸						
赖氨酸/%	0.53	0.49	0.46	0.53	0.51	0.48
蛋氨酸/%	0.14	0.13	0.12	0.14	0.13	0.12
蛋氨酸+胱氨酸/%	0.34	0.32	0.31	0.34	0.33	0.32
苏氨酸/%	0.40	0.39	0.37	0.40	0.40	0.38
色氨酸/%	0.10	0.09	0.09	0.10	0.09	0.09
异亮氨酸/%	0.29	0.28	0.26	0.29	0.29	0.27
亮氨酸/%	0.45	0.41	0.37	0.45	0.42	0.38
精氨酸/%	0.06	0.02	0.00	0.06	0.02	0.00
缬氨酸/%	0.35	0.32	0.30	0.35	0.33	0.31
组氨酸/%	0.17	0.16	0.15	0.17	0.17	0.16
苯丙氨酸/%	0.29	0.27	0.25	0.29	0.28	0.26
苯丙氨酸+酪氨酸/%	0.49	0.45	0.43	0.49	0.47	0.44

续表

类　别	妊娠期	妊娠前期	妊娠后期
矿物元素⑤			
钙/%		0.68	
总磷/%		0.54	
非植酸磷/%		0.32	
钠/%		0.14	
氯/%		0.11	
镁/%		0.04	
钾/%		0.18	
铜/mg		5.0	
铁/mg		75.0	
锰/mg		18.0	
锌/mg		45.0	
碘/mg		0.13	
硒/mg		0.14	
维生素和脂肪酸⑥			
维生素 A/IU⑦		3620	
维生素 D_3/IU⑧		180	
维生素 E/IU⑨		40	
维生素 K/g		0.50	
硫胺素/mg		0.90	

续表

类别	妊娠期	妊娠前期	妊娠后期
维生素和脂肪酸①			
核黄素/g	3.40		
泛酸/mg	11		
烟酸/mg	9.05		
吡哆醇/mg	0.90		
生物素/mg	0.19		
叶酸/mg	1.20		
维生素 B_{12}/μg	14		
胆碱/g	1.15		
亚油酸/%	0.10		

① 消化能、氨基酸是根据国内试验报告、企业经验数据和 NRC（1998）妊娠模型得到的。

② 妊娠前期指妊娠前 12 周，妊娠后期指妊娠后 4 周；120.0～150.0kg 阶段适用于初产母猪和因泌乳期消耗过度的经产母猪，150.0～180.0kg 阶段适用于自身尚有生长潜力的经产母猪，180.0kg 以上指达到标准成年体重的经产母猪，其对养分的需要量不随体重增长而变化。

③ 假定代谢能为消化能的 96.0%。

④ 以玉米-豆粕型日粮为基础确定的。

⑤ 矿物质需要量包括饲料原料中提供的矿物质。

⑥ 维生素需要量包括饲料原料中提供的维生素量。

⑦ 1IU 维生素 A＝0.344μg 维生素 A 醋酸酯。

⑧ 1IU 维生素 D_3＝0.025μg 胆钙化醇。

⑨ 1IU 维生素 E＝0.67mg D-α-生育酚或 1.0mg DL-α-生育酚醋酸酯。

表 4-4　配种公猪每千克饲粮和每日每头养分需要量（88%干物质）[1]

营养成分	每千克饲粮中含量	每日需要量
饲粮消化能含量 DE/[MJ/kg(kcal/kg)]	12.95(3100)	
饲粮代谢能含量 ME/[MJ/kg[2](kcal/kg)]	12.45(2975)	
消化能摄入量 DE/[MJ/kg(kcal/kg)]	21.70(5186)	
代谢能摄入量 ME/[MJ/kg(kcal/kg)]	20.85(4983)	
采食量 ADFI/(kg/天)[3]	2.2	
粗蛋白 CP/%[4]	13.50	
能量蛋白比 DE/CP/[kJ/%(kcal/%)]	959(230)	
赖氨酸能量比 Lys/DE/[g/MJ(g/Mcal)]	0.42(1.76)	
氨基酸		
赖氨酸 Lys	0.55%	12.1g
蛋氨酸 Met	0.15%	3.31g
蛋氨酸+胱氨酸 Met+Cys	0.38%	8.4g
苏氨酸 Thr	0.46%	10.1g
色氨酸 Trp	0.11%	2.4g
异亮氨酸 Ile	0.32%	7.0g
亮氨酸 Leu	0.47%	10.3g
精氨酸 Arg	0.00%	0.0g
缬氨酸 Val	0.36%	7.9g
组氨酸 His	0.17%	3.7g
苯丙氨酸 Phe	0.30%	6.6g
苯丙氨酸+酪氨酸 Phe+Tyr	0.52%	11.4g

续表

营养成分	每千克饲粮中含量	每日需要量
矿物元素⑥		
钙 Ca	0.70%	15.4g
总磷	0.55%	12.1g
有效磷	0.32%	7.04g
钠 Na	0.14%	3.08g
氯 Cl	0.11%	2.42g
镁 Mg	0.04%	0.88g
钾 K	0.20%	4.40g
铜 Cu	5.0mg	11.0mg
碘 I	0.15mg	0.33mg
铁 Fe	80.0mg	176.0mg
锰 Mn	20.0mg	44.0mg
硒 Se	0.15mg	0.33mg
锌 Zn	75.0mg	165.0mg
维生素和脂肪酸⑩		
维生素 A⑦	4000IU	8800IU
维生素 $D_3$⑧	220IU	485IU
维生素 E⑨	45IU	100IU
维生素 K	0.50mg	1.10mg

续表

营养成分	每千克饲粮中含量	每日需要量
维生素和脂肪酸①		
硫胺素	1.0mg	2.20mg
核黄素	3.5mg	7.70mg
泛酸	12.0mg	26.4mg
烟酸	10.0mg	22.0mg
吡哆醇	1.0mg	2.2mg
生物素	0.20mg	0.44mg
叶酸	1.30mg	2.86mg
维生素 B_{12}	15.0μg	33.0μg
胆碱	1.25g	2.75g
亚油酸	0.1%	2.2g

① 需要量的制定以每日采食 2.2kg 饲粮为基础，采食量需根据公猪的体重和饲养期的增重量进行调整。
② 假定代谢能为消化能的90.0%。
③ 配种前一个月采食量增加 20.0%～25.0%。冬季严寒期采食量增加 10.0%～20.0%。
④ 以玉米-豆粕型日粮为基础。
⑤ 矿物质需要量包括饲粮原料中提供的矿物质。
⑥ 维生素需要量包括饲粮原料中提供的维生素量。
⑦ 1IU 维生素 A＝0.334μg 维生素 A 醋酸酯。
⑧ 1IU 维生素 D_3＝0.025μg 胆钙化醇。
⑨ 1IU 维生素 E＝0.67mg D-α-生育酚或 1.0mg DL-α-生育酚醋酸酯。

表 4-5 肉脂型生长肥育猪每千克饲粮养分含量（一型标准[①]，自由采食，88%干物质）

体重/kg	5～8	8～15	15～30	30～60	60～90
日增重量 ADG/(kg/天)	0.22	0.38	0.50	0.60	0.70
采食量 ADFI/(kg/天)	0.40	0.87	1.36	2.02	2.94
饲料转化率(F/G)	1.80	2.30	2.73	3.35	4.20
饲料消化能含量					
DE/[MJ/kg(Mcal/kg)]	13.80(3.30)	13.60(3.25)	12.95(3.10)	12.95(3.10)	12.95(3.10)
粗蛋白 CP[②]/%	21.0	18.2	16.0	14.0	13.0
能量蛋白比					
DE/CP/[kJ/%(Mcal/%)]	657(0.157)	747(0.179)	810(0.194)	925(0.221)	996(0.238)
赖氨酸能量比					
Lys/DE/[g/MJ(g/Mcal)]	0.97(4.06)	0.77(3.23)	0.66(2.75)	0.53(2.23)	0.46(1.94)
氨基酸					
赖氨酸 Lys/%	1.34	1.05	0.85	0.69	0.60
蛋氨酸+胱氨酸 Met+Cys/%	0.65	0.53	0.43	0.38	0.34
苏氨酸 Thr/%	0.77	0.62	0.50	0.45	0.39
色氨酸 Trp/%	0.19	0.15	0.12	0.11	0.11
异亮氨酸 Ile/%	0.73	0.59	0.47	0.43	0.37

续表

体重/kg	5～8	8～15	15～30	30～60	60～90
矿物质元素					
钙 Ca/%	0.86	0.74	0.64	0.55	0.46
总磷/%	0.67	0.60	0.55	0.46	0.37
非植酸/%	0.42	0.32	0.29	0.21	0.14
钠 Na/%	0.20	0.15	0.09	0.09	0.09
氯 Cl/%	0.20	0.25	0.07	0.07	0.07
镁 Mg/%	0.04	0.04	0.04	0.04	0.04
钾 K/%	0.29	0.26	0.24	0.21	0.16
铜 Cu/mg	6.00	5.5	4.6	3.7	3.0
铁 Fe/mg	100	92	74	55	37
碘 I/mg	0.13	0.13	0.13	0.13	0.13
锰 Mn/mg	4.00	3.00	3.00	2.00	2.00
硒 Se/mg	0.30	0.27	0.23	0.14	0.09
锌 Zn/mg	100	90	75	55	45

续表

体重/kg	5~8	8~15	15~30	30~60	60~90
维生素和脂肪酸					
维生素 A/IU	2100	2000	1600	1200	1200
维生素 D/IU	210	200	180	140	140
维生素 E/IU	15	15	10	10	10
维生素 K/mg	0.50	0.50	0.50	0.50	0.50
硫胺素/mg	1.50	1.00	1.00	1.00	1.00
核黄素/mg	4.00	3.5	3.0	2.0	2.0
泛酸/mg	12.00	10.00	8.00	7.00	6.00
烟酸/mg	20.00	14.00	12.00	9.00	6.50
吡哆醇/mg	2.00	1.50	1.50	1.00	1.00
生物素/mg	0.08	0.05	0.05	0.05	0.05
叶酸/mg	0.30	0.30	0.30	0.30	0.30
维生素 B_{12}/μg	20.00	16.50	14.50	10.00	5.00
胆碱/g	0.50	0.40	0.30	0.03	0.30
亚油酸/%	0.10	0.10	0.10	0.10	0.10

① 一型标准适用于瘦肉率 52.0%±1.5%、达 90.0kg 体重时间 175 天左右。

② 粗蛋白的需要量原则上是以玉米-豆粕型日粮满足可消化氨基酸需要而确定的。为克服早期断奶给仔猪带来的应激，5.0~8.0kg 阶段使用了较多的动物蛋白和乳制品。

表4-6 肉脂型生长肥育猪每日每头养分需要量（一型标准①，自由采食，88%干物质）

体重/kg	5~8	8~15	15~30	30~60	60~90
日增重 ADG/(kg/天)	0.22	0.38	0.50	0.60	0.70
采食量 ADFI/(kg/天)	0.40	0.87	1.36	2.02	2.94
饲料/增重(F/G)	1.80	2.3	2.73	3.35	4.20
饲粮消化能含量 DE/[MJ/kg(Mcal/kg)]	13.80(3.30)	13.60(3.25)	12.95(3.10)	12.95(3.10)	12.95(3.10)
粗蛋白 CP②/(g/天)	84.0	158.3	217.6	282.8	382.2
氨基酸					
赖氨酸 Lys/g	5.4	9.1	11.6	13.9	17.6
蛋氨酸+胱氨酸 Met+Cys/g	2.6	4.6	5.8	7.7	10.0
苏氨酸 Thr/g	3.1	5.4	6.8	9.1	11.5
色氨酸 Trp/g	0.8	1.3	1.6	2.2	3.2
异亮氨酸 Ile/g	2.9	5.1	6.4	8.7	10.9
矿物质					
钙 Ca/g	3.4	6.4	8.7	11.1	13.5
总磷/g	2.7	5.2	7.5	9.3	10.9
非植酸磷/g	1.7	2.8	3.9	4.2	4.1
钠 Na/g	0.8	1.3	1.2	1.8	2.6
氯 Cl/g	0.8	1.3	1.0	1.4	2.1
镁 Mg/g	0.2	0.3	0.5	0.8	1.2
钾 K/g	1.2	2.3	3.3	4.2	4.7
铜 Cu/mg	2.4	4.79	6.12	8.08	8.82
铁 Fe/mg	40.00	80.04	100.64	111.10	108.78
碘 I/mg	0.05	0.11	0.18	0.26	0.38

续表

体重/kg	5~8	8~15	15~30	30~60	60~90
矿物质					
锰 Mn/mg	1.60	2.61	4.08	4.04	5.88
硒 Se/mg	0.12	0.22	0.34	0.30	0.29
锌 Zn/mg	40.0	78.3	102.0	111.1	132.3
维生素和脂肪酸					
维生素 A/IU	840.0	1740.0	2176.0	2424.0	3528.0
维生素 D/IU	84.0	174.0	244.8	282.8	411.6
维生素 E/IU	6.0	13.1	13.6	20.2	29.4
维生素 K/mg	0.2	0.4	0.7	1.0	1.5
硫胺素/mg	0.6	0.9	1.4	2.0	2.9
核黄素/mg	1.6	3.0	4.1	4.0	5.9
泛酸/mg	4.8	8.7	10.9	14.1	17.6
烟酸/mg	8.0	12.2	16.3	18.2	19.1
吡哆醇/mg	0.8	1.3	2.0	2.0	2.9
生物素/mg	0.0	0.0	0.1	0.1	0.1
叶酸/mg	0.1	0.3	0.4	0.6	0.9
维生素 B_{12}/μg	8.0	14.4	19.7	20.2	14.7
胆碱/g	0.2	0.3	0.4	0.6	0.9
亚油酸/g	0.4	0.9	1.4	2.0	2.9

① 一型标准适用于瘦肉率52.0%±1.5%, 达90.0kg体重时间175天左右的肉脂型猪。

② 粗蛋白的需要量原则上是以玉米-豆粕型日粮满足可消化氨基酸的需要而确定的。5.0~8.0kg阶段为克服早期断奶仔猪带来的应激, 使用了较多的动物蛋白和乳制品。

表 4-7 肉脂型妊娠、哺乳母猪每千克饲粮养分含量（88%干物质）

生理状态	妊娠母猪	哺乳母猪
采食量 ADFI/（kg/天）	2.10	5.10
饲粮消化能含量 DE/[MJ/kg(Mcal/kg)]	11.70(2.08)	13.60(3.25)
粗蛋白 CP/%	13.0	17.5
能量蛋白比 DE/CP/[kJ/%(kcal/%)]	900(215)	777(186)
赖氨酸能量比 Lys/DE/[g/MJ(g/Mcal)]	0.37(1.54)	0.58(2.43)
氨基酸		
赖氨酸 Lys/%	0.43	0.79
蛋氨酸＋胱氨酸 Met＋Cys/%	0.30	0.40
苏氨酸 Thr/%	0.35	0.52
色氨酸 Trp/%	0.08	0.14
异亮氨酸 Ile/%	0.25	0.45
矿物质元素		
钙 Ca/g	0.62	0.72
总磷 P/%	0.50	0.58
非植酸磷/%	0.30	0.34
钠 Na/%	0.12	0.20
氯 Cl/%	0.10	0.16
镁 Mg/%	0.04	0.04
钾 K/%	0.16	0.20
铜 Cu/mg	4.00	5.00

续表

生理状态	妊娠母猪	哺乳母猪
矿物质元素		
碘 I/mg	0.12	0.14
铁 Fe/mg	70	80
锰 Mn/mg	16	20
硒 Se/mg	0.15	0.15
锌 Zn/mg	50	50
维生素和脂肪酸		
维生素 A/IU	3600	2000
维生素 D/IU	180	200
维生素 E/IU	36	44
维生素 K/mg	0.40	0.50
硫胺素/mg	1.00	1.00
核黄素/mg	3.20	3.75
泛酸/mg	10.00	12.00
烟酸/mg	8.00	10.00
吡哆醇/mg	1.00	1.00
生物素/mg	0.16	0.20
叶酸/mg	1.10	1.30
维生素 B_{12}/μg	12.00	15.00
胆碱/g	1.00	1.00
亚油酸/%	0.10	0.10

表 4-8 地方猪种后备母猪每千克饲粮中养分含量① (88%干物质)

体重/kg	10~20	20~40	40~70
预产日增重 ADG/(kg/天)	0.30	0.40	0.50
预产采食量 ADFI/(kg/天)	0.63	1.08	1.65
饲料/增重 (F/G)	2.10	2.70	3.30
饲粮消化能含量			
DE/[MJ/kg(Mcal/kg)]	12.97(3.10)	12.55(3.00)	12.15(2.90)
粗蛋白 CP/%	18.0	16.0	14.0
能量蛋白比 DE/CP/[kJ/%(kcal/%)]	721(173)	784(188)	868(207)
赖氨酸蛋白比			
Lys/DE/[g/MJ(g/Mcal)]	0.77(3.23)	0.70(2.93)	0.48(2.00)
氨基酸			
赖氨酸 Lys/%	1.00	0.88	0.67
蛋氨酸+胱氨酸 Met+Cys/%	0.50	0.44	0.36
苏氨酸 Thr/%	0.59	0.53	0.43
色氨酸 Trp/%	0.15	0.13	0.11
异亮氨酸 Ile/%	0.56	0.49	0.41
矿物质			
钙/%	0.74	0.62	0.53
总磷/%	0.60	0.53	0.44
有效磷/%	0.37	0.28	0.20

① 除钙、磷外的矿物质元素及维生素的需要，可参照肉脂型生长肥育猪的二型标准。

表 4-9　肉脂型种公猪每日每头养分需要量① （88%干物质）

体重/kg	10～20	20～40	40～70
日增重 ADG/（kg/天）	0.35	0.45	0.50
采食量 ADFI/（kg/天）	0.72	1.17	1.67
饲粮消化能含量 DE/[MJ/kg（kcal/kg）]	12.97(3.10)	12.55(3.00)	12.55(3.00)
粗蛋白 CP/（g/天）	135.4	204.8	243.8
氨基酸			
赖氨酸 Lys/g	7.6	10.8	12.2
蛋氨酸＋胱氨酸 Met＋Cys/g	3.8	10.8	12.2
苏氨酸 Thr/g	4.5	10.8	12.2
色氨酸 Trp/g	1.2	10.8	12.2
异亮氨酸 Ile/g	4.2	10.8	12.2
矿物质			
钙/g	5.3	10.8	12.2
总磷/g	4.3	10.8	12.2
有效磷/g	2.7	10.8	12.2

① 除钙、磷外的物质元素及维生素的需要，可参照肉脂型生长肥育猪的一级标准。

四、常用饲料的营养成分及含量

见表 4-10、表 4-11。

表 4-10　常用饲料的常规成分

饲料名称	干物质/%	粗蛋白 CP/%	粗脂肪 EE/%	粗纤维 CF/%	无氮浸出物 NFE/%	粗灰分 Ash/%	钙 Ca/%	总磷 P/%	非植酸磷 N-Phy-P/%
玉米 1	86	9.4	3.1	1.2	71.1	1.2	0.09	0.22	0.1
玉米 2	86	8.5	5.3	2.6	68.3	1.3	0.16	0.25	0.09
玉米 3	86	8.7	3.6	1.6	70.7	1.4	0.02	0.27	0.12
玉米 4	86	7.8	3.5	1.6	71.8	1.3	0.02	0.27	0.12
高粱	86	9	3.4	1.4	70.4	1.8	0.13	0.36	0.17
小麦	87	13.9	1.7	1.9	67.6	1.9	0.17	0.41	0.13
大麦（裸）	87	13	2.1	2	67.7	2.2	0.04	0.39	0.21
大麦（皮）	87	11	1.7	4.8	67.1	2.4	0.09	0.33	0.17
黑麦	88	11	1.5	2.2	71.5	1.8	0.05	0.3	0.11
稻谷	86	7.8	1.6	8.2	63.8	4.6	0.03	0.36	0.2
糙米	87	8.8	2	0.7	74.2	1.3	0.03	0.35	0.15
碎米	88	10.4	2.2	1.1	72.7	1.6	0.06	0.35	0.15
粟（谷子）	86.5	9.7	2.3	6.8	65	2.7	0.12	0.3	0.11
木薯干	87	2.5	0.7	2.5	79.4	1.9	0.27	0.09	0.07
甘薯干	87	4	0.8	2.8	76.4	3	0.19	0.02	0.02
次粉 1	88	15.4	2.2	1.5	67.1	1.5	0.08	0.48	0.14

续表

饲料名称	干物质/%	粗蛋白CP/%	粗脂肪EE/%	粗纤维CF/%	无氮浸出物NFE/%	粗灰分Ash/%	钙Ca/%	总磷P/%	非植酸磷N-Phy-P/%
次粉2	87	13.6	2.1	2.8	66.7	1.8	0.08	0.48	0.14
小麦麸1	87	15.7	3.9	6.5	56	4.9	0.11	0.92	0.24
小麦麸2	87	14.3	4	6.8	57.1	4.8	0.1	0.93	0.24
米糠	87	12.8	16.5	5.7	44.5	7.5	0.07	1.43	0.1
米糠饼	88	14.7	9	7.4	48.2	8.7	0.14	1.69	0.22
米糠粕	87	15.1	2	7.5	53.6	8.8	0.15	1.82	0.24
大豆	87	35.5	17.3	4.3	25.7	4.2	0.27	0.48	0.3
全脂大豆	88	35.5	18.7	4.6	25.2	4	0.32	0.4	0.25
大豆饼	89	41.8	5.8	4.8	30.7	5.9	0.31	0.5	0.25
大豆粕1	89	47.9	1.5	3.3	29.7	4.9	0.34	0.65	0.22
大豆粕2	89	44.2	1.9	5.9	28.3	6.1	0.33	0.62	0.21
棉籽饼	88	36.3	7.4	12.5	26.1	5.7	0.21	0.83	0.28
棉籽粕1	90	47	0.5	10.2	26.3	6	0.25	1.1	0.38
棉籽粕2	90	43.5	0.5	10.5	28.9	6.6	0.28	1.04	0.36
棉籽蛋白	92	51.1	1	6.9	27.3	5.7	0.29	0.89	0.29
菜籽饼	88	35.7	7.4	11.4	26.3	7.2	0.59	0.96	0.33
菜籽粕	88	38.6	1.4	11.8	28.9	7.3	0.65	1.02	0.35
花生仁饼	88	44.7	7.2	5.9	25.1	5.1	0.25	0.53	0.31

续表

饲料名称	干物质/%	粗蛋白 CP/%	粗脂肪 EE/%	粗纤维 CF/%	无氮浸出物 NFE/%	粗灰分 Ash/%	钙 Ca/%	总磷 P/%	非植酸磷 N-Phy-P/%
花生仁粕	88	47.8	1.4	6.2	27.2	5.4	0.27	0.56	0.33
向日葵仁饼	88	29	2.9	20.4	31	4.7	0.24	0.87	0.13
向日葵仁粕1	88	36.5	1	10.5	34.4	5.6	0.27	1.13	0.17
向日葵仁粕2	88	33.6	1	14.8	38.8	5.3	0.26	1.03	0.16
亚麻仁饼	88	32.2	7.8	7.8	34	6.2	0.39	0.88	0.38
亚麻仁粕	88	34.8	1.8	8.2	36.6	6.6	0.42	0.95	0.42
芝麻饼	92	39.2	10.3	7.2	24.9	10.4	2.24	1.19	0.22
玉米蛋白粉1	90.1	63.5	5.4	1	19.2	1	0.07	0.44	0.17
玉米蛋白粉2	91.2	51.3	7.8	2.1	28	2	0.06	0.42	0.16
玉米蛋白粉3	89.9	44.3	6	1.6	37.1	0.9	0.12	0.5	0.18
玉米蛋白饲料	88	19.3	7.5	7.8	48	5.4	0.15	0.7	0.25
玉米胚芽饼	90	16.7	9.6	6.3	50.8	6.6	0.04	1.45	0.36
玉米胚芽粕	90	20.8	2	6.5	54.8	5.9	0.06	1.23	0.31
DDGS	89.2	27.5	10.1	6.6	39.9	5.1	0.2	0.94	0.63
蚕豆粉浆蛋白粉	88	66.3	4.7	4.1	10.3	2.6		0.59	
麦芽根	89.7	28.3	1.4	12.5	41.4	6.1	0.22	0.73	0.17
鱼粉(CP64.5%)	90	64.5	5.6	0.5	8	11.4	3.81	2.83	2.83
鱼粉(CP62.5%)	90	62.5	4	0.5	10	12.3	3.96	3.05	3.05

续表

饲料名称	干物质/%	粗蛋白 CP/%	粗脂肪 EE/%	粗纤维 CF/%	无氮浸出物 NFE/%	粗灰分 Ash/%	钙 Ca/%	总磷 P/%	非植酸磷 N-Phy-P/%
鱼粉（CP60.2%）	90	60.2	4.9	0.5	11.6	12.8	4.04	2.9	2.9
鱼粉（CP53.5%）	90	53.5	10	0.8	4.9	20.8	5.88	3.2	3.2
血粉	88	82.8	0.4		1.6	3.2	0.29	0.31	0.31
羽毛粉	88	77.9	2.2	0.7	1.4	5.8	0.2	0.68	0.68
皮革粉	88	74.7	0.8	1.6		10.9	4.4	0.15	0.15
肉骨粉	93	50	8.5	2.8		31.7	9.2	4.7	4.7
肉粉	94	54	12	1.4	4.3	22.3	7.69	3.88	
苜蓿草粉（CP19%）	87	19.1	2.3	22.7	35.3	7.6	1.4	0.51	0.51
苜蓿草粉（CP17%）	87	17.2	2.6	25.6	33.3	8.3	1.52	0.22	0.22
苜蓿草粉（CP14%~15%）	87	14.3	2.1	29.8	33.8	10.1	1.34	0.19	0.19
啤酒糟	88	24.3	5.3	13.4	40.8	4.2	0.32	0.42	0.14
啤酒酵母	91.7	52.4	0.4	0.6	33.6	4.7	0.16	1.02	
乳清粉	94	12	0.7		71.6	9.7	0.87	0.79	0.79
酪蛋白	91	84.4	0.6		2.4	3.6	0.36	0.32	0.32
明胶	90	88.6	0.5		0.59	0.31	0.49		
牛奶乳糖	96	3.5	0.5		82	10	0.52	0.62	0.62
乳糖	96	0.3			95.7				
葡萄糖	90	0.3			89.7				

续表

饲料名称	干物质/%	粗蛋白 CP/%	粗脂肪 EE/%	粗纤维 CF/%	无氮浸出物 NFE/%	粗灰分 Ash/%	钙 Ca/%	总磷 P/%	非植酸磷 N-Phy-P/%
蔗糖	99	0.3			98.5	0.5	0.04	0.01	0.01
玉米淀粉	99		0.2		98.5			0.03	0.01
牛脂	99		98.0*		0.5	0.5			
猪油	99		98.0*		0.5	0.5			
家禽脂肪	99		98.0*		0.5	0.5			
鱼油	99		98.0*		0.5	0.5			
菜籽油	99		98.0*		0.5	0.5			
椰子油	99		98.0*		0.5	0.5			
玉米油	99		98.0*		0.5	0.5			
棉籽油	99		98.0*		0.5	0.5			
棕榈油	99		98.0*		0.5	0.5			
花生油	99		98.0*		0.5	0.5			
芝麻油	99		98.0*		0.5	0.5			
大豆油	99		98.0*		0.5	0.5			
葵花油	99		98.0*		0.5	0.5			

注：1. 空白项表示含量无或者含量极小而不考虑。
2. "*"代表典型值。

表4-11 常规饲料有效能含量

饲料名称	干物质DM/%	粗蛋白CP/%	猪消化能 DE		猪代谢能 ME	
			Mcal/kg	MJ/kg	Mcal/kg	MJ/kg
玉米1	86.0	9.4	3.44	14.39	3.24	13.57
玉米2	86.0	8.5	3.45	14.43	3.25	13.60
玉米3	86.0	8.7	3.41	14.27	3.21	13.43
玉米4	86.0	7.8	3.39	14.18	3.20	13.39
高粱	86.0	9.0	3.15	13.18	2.97	12.43
小麦	87.0	13.9	3.39	14.18	3.16	13.22
大麦(裸)	87.0	13.0	3.24	13.56	3.03	12.68
大麦(皮)	87.0	11.0	3.02	12.64	2.83	11.84
黑麦	88.0	11.0	3.31	13.85	3.10	12.97
稻谷	86.0	7.8	2.69	11.25	2.54	10.63
糙米	87.0	8.8	3.44	14.39	3.24	13.57
碎米	88.0	10.4	3.60	15.06	3.38	14.14
粟(谷子)	86.5	9.7	3.09	12.93	2.91	12.18
木薯干	87.0	2.5	3.13	13.10	2.97	12.43
甘薯干	87.0	4.0	2.82	11.80	2.68	11.21
次粉1	88.0	15.4	3.27	13.68	3.04	12.72
次粉2	87.0	13.6	3.21	13.43	2.99	12.51

续表

饲料名称	干物质 DM/%	粗蛋白 CP/%	猪消化能 DE		猪代谢能 ME	
			Mcal/kg	MJ/kg	Mcal/kg	MJ/kg
小麦麸 1	87.0	15.7	2.24	9.37	2.08	8.70
小麦麸 2	87.0	14.3	2.23	9.33	2.07	8.66
米糠	87.0	12.8	3.02	12.64	2.82	11.80
米糠饼	88.0	14.7	2.99	12.51	2.78	11.63
米糠粕	87.0	15.1	2.76	11.55	2.57	10.75
大豆	87.0	35.5	3.97	16.61	3.53	14.77
全脂大豆	88.0	35.9	4.24	17.74	3.77	15.77
大豆饼	89.0	41.8	3.44	14.39	3.01	12.59
大豆粕	89.0	44.2	3.37	14.26	2.97	12.43
棉籽饼	88.0	36.3	2.37	9.92	2.10	8.79
棉籽粕 1	90.0	47.0	2.25	9.41	1.95	8.28
棉籽粕 2	90.0	43.5	2.31	9.68	2.01	8.43
棉籽蛋白	92.0	51.1	2.45	10.25	2.13	8.91
菜籽饼	88.0	35.7	2.88	12.05	2.56	10.71
菜籽粕	88.0	38.6	2.53	10.59	2.23	9.33
花生仁饼	88.0	44.7	3.08	12.89	2.68	11.21

续表

饲料名称	干物质 DM/%	粗蛋白 CP/%	猪消化能 DE		猪代谢能 ME	
			Mcal/kg	MJ/kg	Mcal/kg	MJ/kg
花生仁粕	88.0	47.8	2.97	12.43	2.56	10.71
向日葵仁饼	88.0	29.0	1.89	7.91	1.70	7.11
向日葵仁粕1	88.0	36.5	2.78	11.63	2.46	10.29
向日葵仁粕2	88.0	33.6	2.49	10.42	2.22	9.29
亚麻仁饼	88.0	32.2	2.90	12.13	2.60	10.88
亚麻仁粕	88.0	34.8	2.37	9.92	2.11	8.83
芝麻饼	92.0	39.2	3.20	13.39	2.82	11.80
玉米蛋白粉1	90.1	63.5	3.60	15.06	3.00	12.55
玉米蛋白粉2	91.2	51.3	3.73	15.61	3.19	13.35
玉米蛋白粉3	89.9	44.3	3.59	15.02	3.13	13.10
玉米蛋白饲料	88.0	19.3	2.48	10.38	2.28	9.54
玉米胚芽饼	90.0	16.7	3.51	14.69	3.25	13.60
玉米胚芽粕	90.0	20.8	3.28	13.72	3.01	12.59
DDGS	89.2	27.5	3.43	14.35	3.10	12.97
蚕豆粉浆蛋白粉	88.0	66.3	3.23	13.51	2.69	11.25
麦芽根	89.7	28.3	2.31	9.67	2.09	8.74
鱼粉(CP64.5%)	90.0	64.5	3.15	13.18	2.61	10.92

续表

饲料名称	干物质 DM/%	粗蛋白 CP/%	猪消化能 DE		猪代谢能 ME	
			Mcal/kg	MJ/kg	Mcal/kg	MJ/kg
鱼粉(CP62.5%)	90.0	62.5	3.10	12.97	2.58	10.79
鱼粉(CP60.2%)	90.0	60.2	3.00	12.55	2.52	10.54
鱼粉(CP53.5%)	90.0	53.5	3.09	12.93	2.63	11.00
血粉	88.0	82.8	2.73	11.42	2.16	9.04
羽毛粉	88.0	77.9	2.77	11.59	2.22	9.29
皮革粉	88.0	74.7	2.75	11.51	2.23	9.33
肉骨粉	93.0	50.0	2.83	11.84	2.43	10.17
肉粉	94.0	54.0	2.70	11.30	2.30	9.62
苜蓿草粉(CP19%)	87.0	19.1	1.66	6.95	1.53	6.40
苜蓿草粉(CP17%)	87.0	17.2	1.46	6.11	1.35	5.65
苜蓿草粉(CP14%~15%)	87.0	14.3	1.49	6.23	1.39	5.82
啤酒糟	88.0	24.3	2.25	9.41	2.05	8.58
啤酒酵母	91.7	52.4	3.54	14.81	3.02	12.64
乳清粉	94.0	12.0	3.44	14.39	3.22	13.47
酪蛋白	91.0	84.4	4.13	17.27	3.22	13.47
明胶	90.0	88.6	2.80	11.72	2.19	9.16
牛奶乳糖	96.0	3.5	3.37	14.10	3.21	13.43

续表

饲料名称	干物质 DM/%	粗蛋白 CP/%	猪消化能 DE		猪代谢能 ME	
			Mcal/kg	MJ/kg	Mcal/kg	MJ/kg
乳糖	96.0	0.3	3.53	14.77	3.39	14.18
葡萄糖	90.0	0.3	3.36	14.06	3.22	13.47
蔗糖	99.0		3.80	15.90	3.65	15.27
玉米淀粉	99.0	0.3	4.00	16.74	3.84	16.07
牛油	99.0		8.00	33.47	7.68	32.13
猪油	99.0		8.29	34.69	7.96	33.30
家禽脂肪	99.0		8.52	35.65	8.18	34.23
鱼油	99.0		8.44	35.31	8.10	33.89
菜籽油	99.0		8.76	36.65	8.41	35.19
玉米油	99.0		8.75	36.61	8.40	35.15
椰子油	99.0		8.40	35.11	8.06	33.69
棉籽油	99.0		8.60	35.98	8.26	34.43
棕榈油	99.0		8.01	33.51	7.69	32.17
花生油	99.0		8.73	36.53	8.38	35.06
芝麻油	99.0		8.75	36.61	8.40	35.15
大豆油	99.0		8.75	36.61	8.40	35.15
葵花油	99.0		8.76	36.65	8.41	35.19

第二节　配合饲料及配制方法

动物产品的品质与数量直接受饲料的品质和数量的影响，根据动物饲养标准及饲料原料的营养特点，结合生产实际情况，按照科学的饲料配方生产出来的配合饲料，能更加合理地利用饲料资源，降低饲料成本，提高经济效益。

一、使用配合饲料的优点

1. 提高动物生产性能，发挥动物生产潜力，增加经济效益

配合饲料是根据动物的营养需要，采用科学配方配制而成的，营养全面，能够完全满足畜禽生长发育的需要，能加速畜禽生长，缩短饲养周期，降低饲养成本，最大限度地发挥动物的生产潜力。用全价配合饲料，可大大提高畜禽产品的数量和质量，以及饲料的利用效率。

2. 节约粮食，充分、合理、高效地利用各种饲料资源

可作为配合饲料的原料的种类很多，既可以是人类可食的谷物，也可以是人类不能利用的其他物质，既可以最大限度地利用粮油加工、食品加工的副产品，以及工业下脚料（如糠麸、羽毛粉、血粉、鱼粉、糟渣、各种饼粕类），也可以利用一些非营养性的添加物（如抗生素、防霉剂、抗氧化剂等）。这些物质经过动物的合理转化，最终变成人类可食用的畜产品，既增加了我们赖以生存的食物数量，解决了人畜争食的矛盾，也有助于维持生态平衡。生产和使用配合饲料，不仅是节约饲料的最有效的办法，也是充分开发利用各种饲料资源、节约粮食、综合利用工业副产品最行之有效的措施。

3. 配合饲料产品质量稳定，饲用安全、高效、方便

配合饲料是在专门的饲料加工厂，采用特定的计量设备，经过粉碎、混合等加工工艺所生产出来的产品，能够保证饲料的均匀一致性、质量标准化，饲用安全，有利于畜禽健康。

配合饲料生产中选用了各种饲料添加剂（如维生素、微量元素、氨基酸、驱虫保健剂、防霉防腐剂等），不但可以防止饲料的霉烂变质，提高了饲料的稳定性，便于存放和运输，还可以促进动物更好地生长发育，避免营养性疾病的发生，并且有利于提高饲料转化率和经济效益。

4. 减少养殖业的劳动支出，实现机械化养殖，促进现代化养殖业的发展

配合饲料使用方便，可直接饲喂，或稍加调配即可使用，因此，可节省养殖场的配料设备和劳力，提高工作效率。配合饲料的类型主要为粉状料、颗粒料和破碎料，便于机械化饲喂，有利于现代化集约化封闭式饲养场的大规模生产。同时，配合饲料易于保管储存，便于运输，可降低保管和运输费用。

二、配合饲料的种类

配合饲料的种类很多，一般可按营养成分、饲喂对象和饲料形状三种方法进行分类。

（一）按营养成分和用途分类

1. 全价配合饲料

又称全日粮配合饲料或完全配合饲料，简称配合饲料，是根据各种动物不同品种、生长阶段和生产水平对各种营养成分的需要量和消化生理特点，把多种饲料原料和添加成分按照规定的加工工艺，配制成的均匀一致、营养价值完全的饲料产品。其所含的营养成分的种类和数量均能满足各种动物的生长和生产的需要，达到一定的生产水平。这类配合饲料是按饲养标准规定的营养需要量配制的，可以不再加其他饲料而直接饲喂畜禽。

2. 浓缩饲料

又称平衡用配合饲料或蛋白质补充饲料，是由蛋白质饲料、常量矿物质饲料（如钙、磷饲料和食盐）以及添加剂预混料，按一定比例制成的均匀的混合料。猪用浓缩饲料含粗蛋白30%以上，矿物质和维生素的含量也高于需要量的 2 倍以上，因此，不能直接饲喂，应按一定比例与用户的能量饲料搭配后才能饲喂。浓缩饲料一般在全价饲料中占 20%～40%。生产浓缩饲料，不仅可以减少能量饲料运输及包装方面的耗费，而且能弥补用户的非能量养分短缺问题，使用方便。

3. 添加剂预混料

又称添加剂预配料，简称预混料，是由一种或几种营养性添加剂（如氨基酸、维生素、微量元素）和非营养性添加剂（如抗生素、激素、抗氧化剂等）与某种载体或稀释剂，按配方要求的比例均匀配制而成的混合料，是一种半成品，可供配合饲料厂生产全价配合饲料或蛋白质补充料用，也可供饲养户使用。添加剂预混料一般在配合饲料中占 0.5%～5%，其作用很大，是配合饲料的"心脏"。具有补充营养，促进动物生长、繁殖，防治疾病，保护饲料品质，改善畜产品质量等作用，目前养殖户使用量较大。

4. 初级配合饲料

俗称混合饲料，是向全价配合饲料过渡的一种类型。通常是由两种以上单一饲料，经加工、粉碎，按一定比例混合在一起的饲料。其配合只考虑能量、粗蛋白、钙、磷等几项营养指标，产品营养不全，质量差。但与单一饲料或随意配合的饲料比较，其饲喂效果要好得多。如再搭配一定的青、粗饲料或添加剂，也能满足畜禽对维生素、微量矿物元素的需要。

（二）按饲喂对象不同生长阶段和生产性能分类

可分为仔猪、生长猪、肥育猪、妊娠母猪、哺乳母猪、后备母猪、种公猪等配合饲料。

（三）按配合饲料的形状分类

1. 粉料

是目前国内普遍应用的料型。一般是将饲料原料加工磨成粉状后，按饲养标准要求添加维生素、微量元素等添加剂混合拌匀而成。工艺简单，加工成本低，养分含量和动物的采食量较均匀，品质稳定，不易腐烂变质，饲喂方便、安全、可靠。但容易引起动物的挑食，造成浪费，且生产粉尘大，损耗大，容易分级。粉料的粒度，依畜禽种类、年龄等不同而有差异，并非越细越好。这种饲料适合各种畜禽以及农户养殖搭配青粗饲料时使用。

2. 颗粒饲料

是粉状配合饲料通过颗粒机压制而成。由于压缩增加了饲料密度，缩小了饲料体积，便于运输和储存，且在储运过程中不会分级。养分均匀，改善了动物的适口性，避免动物择食，减少了喂料时的浪费，缩短采食时间，刺激消化液分泌，提高了饲料利用率，饲喂效果好。在配合饲料中，颗粒饲料的产量呈逐年提高的趋势。但这种饲料加工复杂，成本较高。在加热加压时使一部分维生素和酶等失去活性，需要对加工工艺及设备进行改进。

3. 膨化饲料

也叫漂浮饲料，是把粉状配合饲料加水、加温，通过膨化机压制成的软颗粒饲料。膨化饲料适口性强、易消化吸收，饲料利用率高，是仔猪良好的开食饲料。

4. 压扁饲料

压扁饲料是指将籽实饲料如玉米、高粱、大麦等去皮后（反刍动物可不去皮），加入16％的水，蒸汽加热到120℃左右，用压扁机压制成片状，冷却后，配入添加剂，即成压扁饲料。这种饲料可提高饲料的消化和利用效率。适口性好，并且由于饲料被压成扁平状，表面积增大，消化液可充分浸透，有利于发挥消化酶的作用。

三、饲料配合应遵循的原则

（一）科学性原则

1. 选用合适的饲养标准

饲养标准是对动物实行科学饲养的依据，因此，经济合理的饲料配方必须根据饲养标准规定的营养物质需要量的指标进行设计，在选用饲养标准的基础上，可根据饲养实践中动物的生长或生产性能等情况做适当调整，并注意以下问题。

① 在动物饲养标准中第一项即为能量的需要量，只有在满足能量需要的基础上才能考虑蛋白质、氨基酸、维生素等养分的需要。

② 能量与其他营养物质间和各种营养物质之间的比例应符合饲养标准的要求，比例失调、营养不平衡会导致不良后果。

③ 控制饲料配方中粗纤维的含量。幼猪 5％以下，生长猪 9％以下。

2. 合理选择饲料原料，正确评估和决定饲料原料营养成分含量

设计饲料配方应熟悉所在地区的饲料资源现状，根据当地各种饲料资源的品种、数量及各种饲料的理化特性及饲用价值，尽量做到全年比较均衡地使用各种饲料原料，应注意以下几点。

（1）饲料品质　应尽量选用新鲜、无毒、无霉变、质地良好的饲料。

（2）饲料体积　饲料体积过大，能量浓度降低既造成消化道负担过重，而影响动物对饲料的消化，又不能满足动物的营养需要；反之，饲料的体积过小，即使能满足养分的需要量，但动物因达不到饱腹感而处于不安状态，也会影响其生长发育及生产性能。

（3）饲料的适口性　饲料的适口性直接影响采食量，设计饲料配方时应选择适口性好、无异味的饲料，若采用营养价值虽高，但适口性却差的饲料则须限制其用量，对适口性差的饲料也可适当搭配适口性好的饲料或加入调味剂以提高其适口性，促使动物增加采食量。

3. 正确处理配合饲料配方设计值与配合饲料保证值的关系

配合饲料中的某一养分往往由多种原料共同提供，且各种原料中养分的含量与真实值之间存在一定差异，加之，饲料加工过程中的偏差，同时生产的配合饲料产品往往有一个合理的储藏期，储藏过程中某些营养成分还因受外界各种因素的影响而损失，所以，配合饲料的营养成分设计值通常应略大于配合饲料保证值，以保证商品配合饲料的营养成分在有效期内不低于产品标签中的标示值。

（二）安全性与合法性原则

配合饲料对动物自身必须是安全的，发霉、酸败污染和未经处理的含毒素等的饲料原料不能使用，饲料添加剂的使用量和使用期限应符合安全法规。尤其违禁药物及对动物和人体有害的物质的含量应强制性遵照国家规定。配方设计要综合考虑产品对环境生态和其他生物的影响，尽量提高营养物质的利用效率，减少动物废弃物中氮、磷、药物及其他对人类、生态系统的污染及不利影响。

（三）经济性和市场性原则

饲料原料的成本在饲料企业生产及畜牧业生产中均占有很大比重，因此，在设计饲料配方时，应注意达到高效益低成本。

① 饲料原料的选用应注意因地制宜和因时制宜，充分利用当地的饲料资源，尽量少从外地购买饲料，既避免了远途运输的麻烦，又可降低配合饲料生产的成本。

② 设计饲料配方时应尽量选用营养价值较高而价格低廉的饲料原料，多种原料搭配，可使各种饲料之间的营养物质互相补充，以提高饲料的利用效率。

（四）可行性原则

即生产上的可行性。配方在原材料选用的种类、质量稳定程度、价格及数量上都应与市场情况相配套。产品的种类与阶段划分应符合养殖业的生产要求。

（五）逐级预混原则

为了提高微量养分在全价饲料中的均匀度，原则上讲，凡是在成品中的用量少于 1% 的原料，均首先进行预混合处理。如预混料中的硒，就必须先预混。否则混合不均匀就可能会造成动物生产性能不良，整齐度差，饲料转化率低，甚至造成动物死亡。

四、猪配合饲料中一些原料的用量

饲料配方中常用的饲料使用量大致范围见表 4-12。

表 4-12　饲料配方中常用的饲料使用量大致范围　　单位：%

饲料	生长肥育猪	后备空怀	繁殖泌乳
谷实类	55～70	40～65	60～70
植物蛋白类	12～25	10～12	12～16
动物蛋白类	0～5	0～5	0～5
糠麸类粗饲料	5～25	10～25	10～15
青绿饲料	10～20	15～30	10～20

五、饲料的配制方法

1. 交叉法（又称方块法、对角线法、四角法或图解法）

在饲料种类不多及营养指标少的情况下，可以采用此法，较为简便。主要用于养殖户将浓缩饲料与能量饲料混拌时计算使用。

具体方法如下。

第一步：画一方形方框，并把选定的营养素需要标准数据放在方框内两对角的交叉点上。

第二步：在方框左边两角外侧分别写上两种饲料的相应含量。

第三步：对角线交叉点上的数与左边角外侧的数相减（大数减小数），减后的结果数据写在相应对角线的另一角外侧。

第四步：将右边两角外侧的数相加后分别去除这两个角外侧的数，结果便是对应于左边角外侧数据代表饲料的配合比例。

注意，左边角外侧两数不能同时大于或小于对角线交叉点上的数，否则配合无意义。若同时相等则表示此两种饲料可以任意配合。方框仅起着指示计算过程和数据摆放位置的作用。熟悉以后，方框可以不画出来。

例1：利用粗蛋白（CP）含量为 30％的猪浓缩饲料与能量饲料玉米（含 CP 为 8.5％）混合，为体重 20～35kg 的生长肥育猪配制 CP 为 16％的饲粮 1000kg。

（1）算出两种饲料在配合饲料中应占的比例。

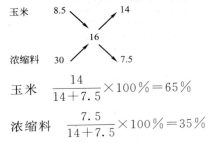

玉米　$\dfrac{14}{14+7.5} \times 100\% = 65\%$

浓缩料　$\dfrac{7.5}{14+7.5} \times 100\% = 35\%$

（2）计算两种饲料在配合饲料中所需重量。

玉米 1000kg×65％＝650kg

浓缩料 1000kg×35％＝350kg

所以配制 1000kg 体重 20～35kg 的生长肥育猪饲粮需要玉米 650kg，CP 含量为 30％的猪浓缩饲料 350kg。

例2：要用玉米、高粱、小麦麸、豆粕、棉仁粕、菜籽粕和矿物质饲料（骨粉和食盐），为体重 35～60kg 的生长猪配成含 CP 为 14％的混合饲料。

① 查饲料标准：CP14％。

② 查营养成分价值表：各种饲料原料的 CP 含量玉米 8.0％，高粱 8.5％，小麦麸 13.5％，豆粕 45.0％，棉仁粕 41.5％，菜籽粕 36.4％，矿物质饲料 0。

③ 根据经验和养分含量把以上饲料分成比例已定好的三组饲料，即混合能量料、混合蛋白质料和矿物质料，并分别算出能量和蛋白质饲料组 CP 的平均含量。

混合能量饲料：

玉米 60％　　　　8.0％

高粱 20％　　　　8.5％　　　CP9.2％

小麦麸 20％　　　13.5％

混合蛋白质饲料：

豆粕 70%　　　 45.0%

棉仁粕 20%　　 41.5%　　 CP43.4%

菜籽粕 10%　　 36.4%

矿物质饲料一般占混合料的 2%，其成分为骨粉和食盐，按饲养标准食盐宜占混合料的 0.3%，则食盐在矿物质中应占 15%，骨粉则占 85%。

④ 算出未加矿物质料前混合料中 CP 的应有含量。

因为配合好混合料再掺入矿物质料，等于变稀。其中 CP 就不足 14% 了，所以要先将矿物质料用量从总量中扣除，以便按 2% 添加混合料的 CP 仍为 14%。100% − 2% = 98%，那么未加矿物质料前混合料的 CP 应为 14/98 = 14.3%。

⑤ 将混合能量料和混合蛋白料当做两种料，做交叉。

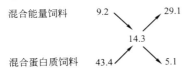

混合能量饲料：$\dfrac{29.1}{29.1+5.1} \times 100\% = 85.09\%$

混合蛋白质饲料：$\dfrac{5.1}{29.1+5.1} \times 100\% = 14.91\%$

⑥ 计算出混合料中各成分应占的比例：玉米应占 60% × 85.09% × 98% = 50.0%，以此类推高粱占 16.7%，小麦麸占 16.7%，豆粕占 10.2%，棉仁粕占 2.9%，菜籽粕占 1.5%，骨粉 1.7%，食盐 0.3%，合计 100%。

⑦ 列出饲料配方。

2. 试差法

又称为凑数法。这种方法首先根据经验初步拟出各种饲料原料的大致比例，然后用各自的比例去乘该原料所含的各种养分的百分含量，再将各种原料的同种养分之积相加，即得到该配方的每种养分的总量。将所得的结果与饲养标准进行对照，若有一养分超过或不足时，可通过增加或减少相应的原料比例进行调整和重新计算，直至所有的营养指标都基本上满足要求为止。此方法简单，可用于各种配料技术，应用面广，特别是在已有的基本配方的基础上，用此方法做局部调整很适用。用计算机采用 Microsoft Excel 表格进行计算，更为方便。

基本步骤如下。

① 查饲养标准表，列出饲养对象对各种营养物质的需要量。

② 查饲料营养成分及营养价值表，列出所用各种饲料的营养成分及含量。

③ 初配，初步确定出所用各种饲料在配方中的大致比例，并进行计算，得出初配饲料计算结果。

④ 将计算结果与饲养标准比较，依其差异程度调整饲料配方比例，再进行计算，调整，直至与饲养标准接近一致为止（一般控制在高出 2% 以内）。

⑤ 描述饲料配方。

例3：利用玉米、豆粕、棉籽饼、菜籽粕、小麦麸、石粉、食盐及添加剂预混料，为体重 20～60kg 生长肥育猪配合饲粮。

第一步：查生长肥育猪饲养标准表，列出体重 20～60kg 生长肥育猪营养需要量于表 4-13。

表 4-13　生长肥育猪（体重 20～60kg）的营养需要

消化能 /(MJ/kg)	粗蛋白 /%	钙 /%	总磷 /%	赖氨酸 /%	蛋氨酸+ 胱氨酸/%
12.97	16	0.6	0.5	0.75	0.38

第二步：查饲料成分及营养价值表，列出所用各种饲料的营养成分及含量，见表 4-14。

第三步：试配。初步确定各种风干饲料在配方中的重量百分比，并进行计算，得出初配饲料计算结果，并与饲养标准比较。

先按消化能和粗蛋白的需要量试配（表 4-15）。

表 4-14　所用饲料成分及营养价值

指标	玉米	豆粕	小麦麸	棉籽饼	菜籽粕	石粉	磷酸氢钙
消化能/(MJ/kg)	14.27	13.18	9.37	9.92	10.59		
粗蛋白/%	8.7	43	15.7	36.3	38.6		
钙/%	0.02	0.3	0.11	0.24	0.59	36.4	33.4
总磷/%	0.27	0.49	0.92	0.97	0.96		14
有效磷/%	0.12	0.24	0.24	0.33	0.33		14

表 4-15　试配

饲料种类	配比/%	消化能/(MJ/kg)	粗蛋白/%
玉米	69	$14.27 \times 0.69 = 9.8463$	$8.7 \times 0.69 = 6.003$
豆饼	18	$13.18 \times 0.18 = 2.3724$	$43 \times 0.18 = 7.74$
小麦麸	5	$9.37 \times 0.05 = 0.4685$	$15.7 \times 0.05 = 0.785$
棉籽饼	2	$9.92 \times 0.02 = 0.1984$	$36.3 \times 0.02 = 0.726$
菜籽粕	3	$10.59 \times 0.03 = 0.3177$	$38.6 \times 0.03 = 1.158$
空白	3		
合计	100	13.2033	16.412
饲养标准		12.97	16
与标准比较		+0.233	+0.412

第四步：调整。

a. 调整代谢能、粗蛋白的需要量。

与饲养标准比较，能量和粗蛋白高于标准，需要进行调整。可采用能量和蛋白质含量均低的小麦麸替代能量和蛋白质含量较高的蛋白质饲料，替代量（%）＝配方中粗蛋白含量与标准的差值/被替代的原料与替代原料的粗蛋白的差值。本例的替代量（%）＝0.412/（0.43－0.157）≈1.5，即小麦麸提高 1.5%，豆粕降低 1.5%。

调整后营养成分计算结果见表 4-16。

表 4-16　代谢能、粗蛋白的调整

饲料种类	配比/%	消化能/(MJ/kg)	粗蛋白/%	Ca/%	P/%
玉米	69	14.27×0.69 $=9.8463$	8.7×0.69 $=6.003$	0.02×0.69 $=0.0138$	0.27×0.69 $=0.1863$
豆粕	16.5	13.18×0.165 $=2.1747$	43×0.165 $=7.095$	0.3×0.165 $=0.0495$	0.49×0.165 $=0.08085$
小麦麸	6.5	9.37×0.065 $=0.6090$	15.7×0.065 $=1.0205$	0.11×0.065 $=0.00715$	0.92×0.065 $=0.0598$
棉籽饼	2	9.92×0.02 $=0.1984$	36.3×0.02 $=0.726$	0.24×0.02 $=0.0048$	0.97×0.02 $=0.0194$
菜籽粕	3	10.59×0.03 $=0.3177$	38.6×0.03 $=1.158$	0.59×0.03 $=0.0177$	0.96×0.03 $=0.0288$
空白	3				
合计	100	13.14	16	0.09295	0.37515
饲养标准		12.97	16	0.6	0.5
与标准比较		+0.17	0	−0.50705	−0.12485

b. 调整钙、磷的需要量。

与饲养标准比较，磷的含量低 0.1248%，每增加 1% 磷酸氢钙，可使磷的含量提高 0.14%。因此，可加 0.1248/0.14＝0.89% 的磷酸氢钙。与此同时，钙的含量净增加了 0.29%（0.334× 0.0089），这样与饲养标准比较，钙的含量低 0.20979%，用石粉来补钙，则需要 0.58%（0.20979/0.364）的石粉。另外，加 0.3% 的食盐。调整后的日粮各种营养成分的含量见表 4-17。

表 4-17　钙、磷的调整

饲料种类	配比/%	Ca/%	P/%
玉米	69	$0.02 \times 0.69=0.0138$	$0.27 \times 0.69=0.1863$
豆粕	16.5	$0.3 \times 0.165=0.0495$	$0.49 \times 0.165=0.08085$
小麦麸	6.5	$0.11 \times 0.065=0.00715$	$0.92 \times 0.065=0.0598$
棉籽饼	2	$0.24 \times 0.02=0.0048$	$0.97 \times 0.02=0.0194$

饲料种类	配比/%	Ca/%	P/%
菜籽粕	3	$0.59×0.03=0.0177$	$0.33×0.03=0.0288$
磷酸氢钙	0.89	$0.334×0.0089=0.29726$	$14×0.0089=0.1246$
石粉	0.58	$36.4×0.005763=0.20979$	
食盐	0.30		
空白	1.23		
合计	100	0.6	0.5
饲养标准		0.6	0.5
与标准比较		0	0

c. 氨基酸的配合（略）。

d. 预混料的配合（略）。

结果为，玉米 69%、小麦麸 6.5%、豆粕 16.5%、棉籽饼 2%、菜籽粕 3%、磷酸氢钙 0.89%、石粉 0.58%、食盐 0.3%。

第三节　仔猪饲料配方

我国习惯于把体重小于 15kg 这个阶段的猪称为乳猪，这个阶段使用的饲料称为乳猪料。随着养猪水平的提高、饲料工业加速发展及规模式猪场快速发展，养猪发达地区市场上已将乳猪料细分为两个阶段，即高档乳猪料（也是人们所说的教槽料）和一般乳猪料。行内通常认为，教槽料是指猪出生 5 天后开始补料时至断奶后 10 天内所使用的饲料；一般乳猪料指仔猪断奶 10 天后至 15kg 时使用的饲料。虽然断奶前仔猪的采食量非常小，但是补料的作用却不容忽视，甚至有人说补料是核心。针对断奶前仔猪的消化生理特点，仔猪料应该是高品质、熟化、可消化率高的颗粒饲料，具有促进胃肠发育、提高机体免疫力、防治疾病、促进仔猪早开食、缩短断奶适应期的特点；保育期仔猪料应该具有营养密度高、适口性好、易消化的特点，并且能够促进胃肠道的发育，防治疾病。

一、仔猪的营养生理特点

仔猪出生重约为 1.4kg（品种不同，略有差异），出生后生长发育快，是生长强度最大时期，饲料报酬高，若此阶段生长发育受阻则易形成僵猪。由于生长发育较快，需要的营养物质多，尤其是蛋白质、钙、磷、铁等的代谢比成年猪高得多。对营养不全饲料反应敏感。研究表明，断奶后第 1 周的长势，将对其一生的生长性能有着重要的影响。因此，对仔猪断奶后第 1 周除加强饲养管理外，一个重要的因素是提高断奶仔猪料的质量。

（一）能量需要

乳猪饲养的最终目的是获得最大的断奶重和提高群体整齐度。研究结果表明，断奶体重较大的仔猪可顺利过渡到断奶饲粮，并减少营养性腹泻的发生率；哺乳期生长较快的仔猪在生长肥育期的生长速度亦较快，Pollmann 指出，断奶后第 1 周增重约 900g 的仔猪比没有增重的仔猪提前 15 天出栏；Tokach 等（1992）的研究也表明，21 日龄断奶后第 1 周增重超过 225g/天的仔猪，达到 10kg 体重的时间可提前 10 天。

哺乳仔猪蛋白质沉积与能量摄入量成正相关，因此要想获得最大的蛋白质沉积率，就需要为哺乳仔猪提供最大的能量摄入。考虑到需要尽可能满足弱仔猪的营养需要，因此乳猪料的能量设计不可太高，以提高弱仔猪的采食量。

仔猪出生后，蛋白质和脂肪沉积迅速增加。在出生至 21 日龄断奶期间，仔猪蛋白质和脂肪含量呈线性增加，平均增速分别为 25～38g/天和 25～35g/天。哺乳至断奶过渡期间，由于断奶应激的影响，蛋白质增长减慢，而脂肪增长通常为负值。在这一时期，蛋白质沉积速度既与采食量有关，也与饲料中可利用蛋白质的含量有关。在良好的保温条件下，体脂肪的动员速度与采食量及饲粮中可利用蛋白质的含量密切相关。

依据美国相关资料，哺乳仔猪的维持代谢能需要为 470kJ/

（kg·BW$^{0.75}$·天），仔猪断奶（4周龄）后第1周的维持代谢能需要为453kJ/（kg·BW$^{0.75}$·天），第2周为423kJ/（kg·BW$^{0.75}$·天）。仔猪的维持代谢能需要还与环境温度有关，环境温度低于临界温度1℃时，代谢能需提高2%～5%。

初生仔猪已含有较高量的胰脂肪酶，但3周龄前胆汁分泌量少，不能激活胰脂肪酶和乳化饲料脂肪，这时仔猪消化脂肪的能力有限，直到16日龄的仔猪的胃仅能消化25%～50%的饲料脂肪。母乳中的脂肪是以乳化状态存在，所以其脂肪利用率较高，据报道，仔猪对母乳中脂肪的表观消化率约为95%。3周龄后随着胆汁分泌逐渐增加，对饲料脂肪的消化吸收才逐渐加强。在断奶仔猪中，摄入代谢能用于生长、蛋白质能量沉积和脂肪能量沉积的效率分别为0.72、0.66和0.77，与生长猪的相应值接近。

（二）蛋白质和氨基酸需要

仔猪出生后生长快速、生理变化急剧，对蛋白质和氨基酸营养需要高。但仔猪消化系统发育不完善，例如仔猪胰蛋白酶含量在5周龄前维持在相对较低的水平，到6周龄才开始增加，因此在5周龄前仔猪对饲料蛋白尤其是植物性蛋白的消化吸收能力有限。断奶后营养源从母乳转向固体饲料，饲粮中高蛋白质水平往往导致仔猪腹泻和生长抑制，因此确定仔猪饲粮适宜蛋白质水平尤为重要。综合相关研究报道，19%～21%的粗蛋白水平可满足4～20kg仔猪的需要，建议4～10kg阶段采用21%，10～20kg阶段采用19%。

仔猪氨基酸需要是国内外研究的重点之一。生长猪的氨基酸需要分为维持需要和蛋白质沉积需要，维持和蛋白质沉积所需的理想氨基酸比例不同。由于仔猪维持需要的氨基酸所占比例与生长猪不同，不同阶段体组织蛋白质的氨基酸组成不同，仔猪尤其断奶仔猪因免疫、抗氧化、抗应激、维持肠道功能等对某些氨基酸的特殊需要，因此，仔猪的理想氨基酸模式不同于生长肥育猪阶段。实际表明，有些氨基酸的需要量确实不同，例如谷氨酸、苏氨酸、组氨酸等，这些都有待于进一步去探索，应用上可参考理想蛋白模式来灵活掌握。

(三) 矿物质需要与维生素需要

断奶仔猪对添加食盐有积极反应，因此，NRC 调高了仔猪钠和氯的需要量。饲粮中的钾、钠、氯是相互作用的，应考虑电解质平衡，尤其是乳猪饲粮中往往钾含量较高。相关研究报道表明，仔猪适宜的电解质平衡值为 $200\sim300\text{meq/kg}$。

虽然不同研究得出的铜、铁、锌、锰需要量差异较大，而实际上的需要可能接近。分析可能原因为：①品种不同，会略有差异；②动物体内微量元素吸收、利用互相影响，不同研究者设计的基础饲粮中其他微量元素水平不同，影响目标元素的需要量研究结果；③部分研究的试验动物偏少，仅以生长性能评价得出的需要量不准确；④部分试验设计梯度偏少，影响结果的精确性；⑤环境不同，猪应激状况不同，可能需要量略有不同。微量元素不仅影响仔猪的生长，还涉及安全和环保问题。尤其当前仔猪饲料普遍使用高铜、高锌，其微量元素含量普遍高于仔猪营养需要，进一步深入研究仔猪对铜、铁、锌、锰的需要量及其比例仍很重要。

高剂量铜和锌促进仔猪生长的作用已被大量研究证实，但高铜、高锌带来的残留和污染问题应引起重视。系列研究表明，使用有机螯合物，可降低铜、锌的用量，达到高剂量硫酸铜、氧化锌的效果。但实际生产上不一定能达到，因而造成一些生产成本与环境污染的矛盾，应当另开辟思路。

多年来，国外对猪的维生素需要量开展了大量研究。NRC 对维生素的推荐量是基于不出现缺乏症的最低需要量，未能考虑到快速生长、断奶、免疫、应激等需要，而这些对于饲养仔猪非常关键。近十年来相关研究结果表明：①NRC 对脂溶性维生素的推荐量可满足仔猪正常生长的需要，但要获得最佳免疫功能和抗氧化能力，需要 $2\sim5$ 倍于 NRC 需要量；②为满足仔猪最佳生长的需要，2 倍于 NRC 推荐的水溶性维生素量是必要的，特殊情况下还需更高。实际上，我国大部分饲料中维生素添加量早远高于 NRC 标准，因而在这方面较少存在问题。

（四）利用饲料特点

1. 选择能量饲料的要点

（1）玉米是首选原料 玉米品质要求容重在 700 以上，无发霉现象，破碎粒要少。最好使用 50％左右（占所用玉米）的膨化玉米，但不能使用太多，否则猪容易黏嘴（对颗粒料而言），进而影响适口性。膨化玉米目前没有标准，笔者经验认为膨化玉米糊化率达 88％以上就可以了。玉米破碎粒度径直为 2.0mm 即可（径直1.0mm 以下最好不超过 20％）。其次可选用一些小麦，使用量不超过 10％，可不用另加小麦酶制剂。

（2）乳清粉、乳糖、蔗糖 乳清粉、乳糖、蔗糖也是乳猪料优质能源，使用乳清粉实质就是使用乳糖，因而乳糖含量很重要，其中乳源蛋白的作用很好，但没有乳糖重要；蔗糖不仅可提供能量，还可以改善适口性，乳猪对蔗糖有偏爱，其效果优于糖精钠制品。在使用这些原料时要经调质混匀，这些原料属于热敏性原料，容易焦化，焦化对猪饲料适口性有负面作用。

（3）油脂 目前乳猪料使用油脂，对乳猪来说最好的油脂是椰子油，其次为大豆油、玉米油、猪油、牛油、鱼油。椰子油很贵，大豆油是比较实际的选择。在使用一定量的膨化大豆后，可不用油脂。使用油脂时一定要关注品质，杂质、水分、碘价、酸价、过氧化值是必须测定的指标。

2. 选择蛋白质饲料的要点

在对乳猪料中蛋白质原料的选择过程中，消化率是蛋白质原料选择的第一标准，其次是良好的氨基酸比例和含量，其中重点考虑的氨基酸有赖氨酸、含硫氨基酸、苏氨酸、色氨酸和组氨酸。因此在选择蛋白质原料时，最好选择上述氨基酸含量较高且配比合理的原料。同时由于乳猪采食量的限制，要尽量寻找高营养素含量的蛋白质原料，以节约空间。在采食量有限的前提下，尽可能地为乳猪提供营养浓度含量高且消化性好的日粮，从而保证其在仔猪阶段尽可能获得理想的日增重，为全程效益打下基础。

（1）大豆类制品　大豆类制品是目前最丰富的蛋白质来源，然而因其加工工艺不同，乳猪饲料中豆制品蛋白的可选择性较多：①膨化大豆，不仅是豆油来源，也是优质的豆类蛋白的来源，但膨化大豆用量不可过多，一般不宜超过15%。目前膨化大豆没有标准，一般认为脲酶活性低于0.05U，可消化蛋白高于60%就可以使用。②豆粕，是植物蛋白，其消化率往往达不到乳猪要求，同时还含有一定的抗营养因子，但它是乳猪料常用、也是合适的蛋白来源。③大豆分离蛋白，虽然其蛋白质含量较高，但由于使用低温豆粕制造，因此也可能存在一定量的抗营养因子，所以在加工过程中可采用经过酶降解的方式；但是，由于有些产品经酶降解后，会产生苦肽而影响适口性，因此在选择时，一方面要保证可溶性较好，另一方面还要保证较好的适口性。从目前的应用效果来看是很好的，就是价格偏高。④大豆浓缩蛋白，豆粕经过热酒精浸溶，去掉了其中部分多糖类，相当于把蛋白质浓缩，因而其价值高于普通豆粕，但是其消化率还是有限的。⑤发酵豆粕，豆粕经过发酵，消化率大大提高，蛋白质含量也有所提高，抗营养因子遭到破坏。因此发酵豆粕有可能是未来乳猪饲料的首选原料，不过因为不同厂家发酵菌种和工艺不同，其对乳猪料的价值差异很大，使用时也要谨慎。目前发酵豆粕在乳猪料中用量不可过多，否则会有负面作用。

（2）乳源蛋白　一般作为饲料蛋白来源的主要是高蛋白质含量的乳清粉和乳清浓缩蛋白WPC-34，它们的消化率和氨基酸组成仅次于血浆蛋白粉。如果单纯以蛋白质含量计算，其价格不低于血浆蛋白粉。现在多用作人类食用，供应量又相对有限，所以无法在饲料中大量应用。

（3）血浆蛋白粉　血浆蛋白粉在可消化吸收率、氨基酸组成以及降解产生小肽的速度方面都具有优势，是优质的乳猪蛋白质原料。尤其对于同源血浆蛋白粉，由于其本身就含有丰富的小肽，而且在氨基酸组成上与猪的接近，所以效果更好。但由于同源性疾病存在的可能性，对该类原料的使用要小心谨慎。另外其价格昂贵，供应不稳定也限制了使用正常化。若需使用时，用量要用到 3％才有显著效果，最好选用美国进口的。

（4）肠绒蛋白（DPS）　DPS 也是乳猪蛋白质的优质来源，与血浆蛋白粉合用效果很好。DPS 不仅提供优质蛋白质，还可以防止断奶应激伤害乳猪肠道黏膜。同样，出于同源性疾病的考虑，使用也要小心。目前只有美国进口的可以用，其价格也偏高，另外，渠道、供应量仍受限制。

（5）鱼粉　鱼粉应是大家最熟悉的优质蛋白质原料了，使用时一定要测新鲜度，鉴别掺假的程度及检测理化指标。由于鱼粉品质实在难以控制，建议不要多用，最好控制在 2％以下。

（6）小肽类制品　目前有许多小肽类制品应用于乳猪饲料中，是近来饲料营养研究领域中最热门的东西。这类产品应属于功能性蛋白质原料。当然距离成熟、稳定使用还有一段时间，应是未来很有前景的优质蛋白质源。

（7）其余蛋白质来源　例如肉骨粉、棉籽粕、菜籽粕、DDGS等仍处于研究中，用量要严格限制。

3. 饲料添加剂的选择要点

（1）药物添加剂　在我国的饲养环境下，在乳猪料中使用药物性添加剂是必需的，依据我国农业部的相关条例及公告，目前可选择的药物添加剂有维吉尼亚霉素、杆菌肽锌、硫酸黏杆菌素、那西肽、效美素、恩拉美素、喹乙醇、土霉素、金霉素、盐霉素等。

（2）高铜、高锌添加剂　使用高铜时，不要使用高锌；相反，使用高锌时也不需要用高铜。另外，高铜、高锌与药物添加剂有协同作用，使用时，高铜、高锌的剂量不要用到太高，既没必要，也易造成环境污染。

（3）酶制剂　酶制剂是非常好的东西，其研究应用正在继续深化中。由于乳猪料制粒温度不会高于 80℃，因此很多酶制剂可以使用。经多年的应用效果表明，复合酶的效果优于单一酶制剂（植酸酶除外）。

二、仔猪的饲料配方设计特点

由于乳猪哺乳期增长迅速，28 天断奶，35 天全窝转群达 10.3kg 左右，平均日增重在 250g 左右，同时由于仔猪出生时消化器官不发达，容积小，机能不完善，所以要给予高蛋白质、高能量的优质饲料。

目前，仔猪的饲养多采用阶段性饲养方式，是指断奶后采用易消化、高浓度的营养物质使仔猪从断奶前的高脂肪、高乳糖的母乳逐渐向由谷物类和豆粕类组成的低脂、低乳糖、高淀粉日粮的平稳过渡。现在世界各国大都采用堪萨斯州立大学（Goodband，1993）的 3 阶段饲养方法，该方法利用高浓度、低抗原性的营养物质较好地完成了由母乳向固体料的转换。第一阶段是断奶后 1～7 天；第二阶段是断奶后 7～14 天；第三阶段是断奶 15 天以后。

第一阶段：此阶段仔猪喂料主要目的是诱导仔猪学会采食固体饲料。因此对日粮品质要求很高，日粮蛋白质水平要在 22%～25%，赖氨酸水平在 1.5%～1.6%，最低乳糖含量为 14%。饲料原料的品质要求，能量饲料在选用熟玉米的基础上，必须搭配 20%～25% 的乳清粉和 4%～6% 的椰子油与玉米油或豆油的混合油，以增强饲料适口性，保证能量需要；蛋白质饲料要选用消化率高的喷雾干燥猪血浆蛋白粉、喷雾干燥血粉、脱脂奶粉或优质鱼粉。大量试验表明，血浆蛋白粉具有适口性好、消化率高，维持和改善了消化道正常的生理功能以及含有免疫球蛋白等活性物质的功能和作用，与精制鱼粉、喷雾干燥水解鱼粉、喷雾干燥蛋粉、肉浸膏、豆粕＋奶粉、浸提大豆浓缩蛋白、膨化大豆等的饲喂效果相比是早期断奶仔猪日粮中最好的蛋白质来源。但在使用中应注意，一是要注意血浆蛋白粉的来源，不同来源血浆蛋白粉的使用效果不同，用猪的各种血浆蛋白粉饲喂仔猪，其日增重和生长速度均优于牛血浆蛋白粉；二是要配合添加乳糖，乳糖是早期断奶仔猪的主要能量来源之一，如果用血浆蛋白粉替代日粮中的乳制品，则必须添加乳糖才能获得最大采食量和日增重，因而含血浆蛋白粉的日粮，在断奶后 1～2 周应添加 15％～25％、断奶后 3～4 周应添加 10～15％的乳糖，才能保证仔猪生长性能的充分发挥；三是要配合使用抗菌剂，血浆蛋白粉与抗菌剂配合使用，其效果优于未添加抗菌剂的血浆蛋白粉日粮，对提高断奶仔猪生产性能有加性作用。

第二阶段：此阶段喂料的主要目的是防止腹泻和提高采食量。因此，此期蛋白质水平要求在 20％～22％，赖氨酸水平在 1.3％～1.5％，乳清粉用量比例最少在 10％以上。原料品质除不要求用昂贵的血浆蛋白粉外，其余原料与第一阶段基本一致。据报道，采用全血粉或优质鱼粉产生的效果无显著差异。但在含 2.5％全血粉日粮中添加乳精粉，可在仔猪生长性能和日粮适口性方面取得最佳平衡。

第三阶段：此期仔猪消化功能基本适应固体饲料，对饲料营养和原料品质的要求相应降低。营养水平蛋白质在 18％～20％，赖氨酸在 1.15％～1.25％即可。饲料原料选用玉米＋豆饼（粕）型日粮即能满足其生长发育需要。但以豆粕为蛋白质来源的日粮中加适量鱼粉，仔猪日增重显著提高。

可以按周龄配制饲粮。仔猪生长快，体成分变化也较快，尤其是对蛋白质和氨基酸的需要，随年龄增长，所需蛋白质和氨基酸在饲粮中的百分比下降速度较 20kg 体重以后的猪快。同时，早期断奶仔猪的消化道功能也不健全，按其实际需要配制饲粮，有利于提高仔猪的生长速度和降低生产成本。

因仔猪的特殊性，设计仔猪饲料配方技术性极高，要求配方师既要掌握仔猪的生理特点和营养需要，又要掌握仔猪常用的饲料原料的可消化性和营养价值。

设计仔猪饲料配方的关键技术可概括为如下几个要点。

① 营养水平高，营养平衡性好。

② 日粮适口性好，采食量高。

③ 原料易消化、吸收、利用。

④ 大胆使用各种新型添加剂，但是不要违法。

⑤ 加工技术工艺参数合理，尽量减少配方失真。

⑥ 仔猪食量不大，应优先考虑质量，价格高点在所难免。

三、仔猪预混料配方

见表 4-18。

表 4-18　仔猪每千克预混料配方（按 4% 添加）

营养素	乳猪	仔猪
维生素 A/IU	300000	125000
维生素 D_3/IU	62500	37500
维生素 E/IU	750	375
维生素 K_3/mg	75	75
维生素 B_1/mg	37.5	25
维生素 B_2/mg	100	75
维生素 B_6/mg	75	37.5
维生素 B_{12}/mg	0.6	0.375
烟酸/mg	1000	500
泛酸/mg	375	300
叶酸/mg	17.5	17.5
生物素/mg	2.5	2.5
氯化胆碱/g	12.5	12.5
铁/g	2.1	2
铜/g	5.75~6	5.25~5.5
锌/g	2	2
锰/g	0.5	0.5
碘/mg	12	12
硒/mg	9~10	9~10
钙/g	185	180
磷/g	35.5	30.4
盐/g	75	75
赖氨酸/%	6	5
植酸酶/U	15000	15000

四、人工乳和代乳品

见表 4-19～表 4-22。

表 4-19　哺乳仔猪人工乳和代乳品配方（一）

原料	含量	原料	含量
牛乳	1000mL	牛乳	1000mL
饲料奶粉	50g	饲料奶粉	100g
葡萄糖	20g	葡萄糖	20g
鸡蛋	1个	鸡蛋	1个

表 4-20　哺乳仔猪人工乳和代乳品配方（二）

原料	含量/%	原料	含量/%
牛乳	1000mL	乳清粉	30
饲料奶粉	200g	全脂奶粉	20
葡萄糖	20g	小麦粉(熟)	20
鸡蛋	1个	大豆蛋白粉	20
		脂肪粉	10
		合计	100

表 4-21　哺乳仔猪人工乳和代乳品配方（三）

原料	含量/%	原料	含量/%
脱脂奶粉	40	小麦	26
小麦	35	脱脂奶粉	20
葡萄糖	9	小麦粉(熟)	16
鱼粉(进口)	5	乳清粉	10
豆油	4	葡萄糖	10
豆粕	3	鱼粉(进口)	9
预混料	4	全脂大豆(熟)	5
合计	100	预混料	4
		合计	100

表 4-22　哺乳仔猪人工乳和代乳品配方（四）

原料	含量/%	原料	含量/%
玉米	20	玉米	24
脱脂奶粉	16	脱脂奶粉	20
小麦粉(熟)	30	小麦粉(熟)	20
豆粕	15	豆粕	18
葡萄糖	6	鱼粉	12
鱼粉(进口)	5	豆油	2
豆油	4	预混料	4
预混料	4	合计	100
合计	100		

五、教槽料

见表 4-23～表 4-34。

表 4-23　哺乳仔猪教槽料配方（一）

原料	含量/%	营养成分	含量
玉米	52	干物质/%	85.09
豆粕	20	猪消化能/(MJ/kg)	15.26
大豆浓缩蛋白	13	粗蛋白/%	25.43
鱼粉（进口）	6		
豆油	5		
预混料	4		
合计	100		

表 4-24　哺乳仔猪教槽料配方（二）

原料	含量/%	营养成分	含量
玉米	37	干物质/%	87.14
乳糖	20	猪消化能/(MJ/kg)	15.66
大豆浓缩蛋白	28	粗蛋白/%	25.10
鱼粉（进口）	6		
豆油	5		
预混料	4		
合计	100		

表 4-25　哺乳仔猪教槽料配方（三）

原料	含量/%	营养成分	含量
玉米	55	干物质/%	85.02
乳清粉	8	猪消化能/(MJ/kg)	13.98
豆粕	23	粗蛋白/%	21.41
鱼粉（进口）	5		
血粉	3		
豆油	2		
预混料	4		
合计	100		

表 4-26 哺乳仔猪教槽料配方（四）

原料	含量/%	营养成分	含量
玉米	52	干物质/%	85.01
乳清粉	15	猪消化能/(MJ/kg)	14.47
豆粕	13	粗蛋白/%	21.17
大豆浓缩蛋白	10		
血浆蛋白粉	2		
鱼粉(进口)	2		
豆油	2		
预混料	4		
合计	100		

表 4-27 哺乳仔猪教槽料配方（五）

原料	含量/%	营养成分	含量
玉米	50	干物质/%	84.42
乳清粉	10	猪消化能/(MJ/kg)	14.47
豆粕	20	粗蛋白/%	20.05
大豆(熟)	12		
血浆蛋白粉	2		
豆油	2		
预混料	4		
合计	100		

表 4-28 哺乳仔猪教槽料配方（六）

原料	含量/%	营养成分	含量
玉米	55	干物质/%	84.45
乳清粉	10	猪消化能/(MJ/kg)	13.90
豆粕	24	粗蛋白/%	20.40
血浆蛋白粉	2		
鱼粉(进口)	4		
豆油	1		
预混料	4		
合计	100		

表 4-29　哺乳仔猪教槽料配方（七）

原料	含量/%	营养成分	含量
玉米	52	干物质/%	93.24
乳清粉	10	猪消化能/（MJ/kg）	15.59
大豆（熟）	20	粗蛋白/%	21.37
豆粕	8		
血浆蛋白粉	2		
鱼粉（进口）	4		
预混料	4		
合计	100		

表 4-30　哺乳仔猪教槽料配方（八）

原料	含量/%	营养成分	含量
玉米	54	干物质/%	83.93
乳清粉	10	猪消化能/（MJ/kg）	14.03
大豆（熟）	15	粗蛋白/%	19.90
豆粕	11		
血浆蛋白粉	2		
鱼粉（进口）	4		
预混料	4		
合计	100		

表 4-31　哺乳仔猪教槽料配方（九）

原料	含量/%	营养成分	含量
玉米	54	干物质/%	82.55
乳清粉	10	猪消化能/（MJ/kg）	13.73
大豆（熟）	7	粗蛋白/%	19.44
豆粕	18		
血浆蛋白粉	2		
鱼粉（进口）	4		
豆油	1		
预混料	4		
合计	100		

表 4-32　哺乳仔猪教槽料配方（十）

原料	含量/%	营养成分	含量
玉米	55	干物质/%	84.05
乳清粉	10	猪消化能/(MJ/kg)	13.91
大豆(熟)	10	粗蛋白/%	19.97
豆粕	15		
血浆蛋白粉	2		
鱼粉(进口)	4		
预混料	4		
合计	100		

表 4-33　哺乳仔猪教槽料配方（十一）

原料	含量/%	营养成分	含量
玉米	45	干物质/%	84.94
乳清粉	15	猪消化能/(MJ/kg)	13.94
豆粕	35	粗蛋白/%	21.19
豆油	1		
预混料	4		
合计	100		

表 4-34　哺乳仔猪教槽料配方（十二）

原料	含量/%	营养成分	含量
玉米	42	干物质/%	84.44
乳清粉	16	猪消化能/(MJ/kg)	14.14
豆粕	20	粗蛋白/%	20.80
大豆(熟)	18		
预混料	4		
合计	100		

六、断奶仔猪料

见表 4-35～表 4-60。

表 4-35　断奶仔猪料配方（一）

原料	含量/%	营养成分	含量
玉米	60	干物质/%	79.80
小麦麸	5.5	猪消化能/(MJ/kg)	13.40
乳清粉	3.5	粗蛋白/%	18.78

原料	含量/%	营养成分	含量
豆粕	25		
鱼粉（进口）	2		
预混料	4		
合计	100		

表 4-36　断奶仔猪料配方（二）

原料	含量/%	营养成分	含量
玉米	55	干物质/%	79.85
小麦	5	猪消化能/(MJ/kg)	13.39
小麦麸	5.5	粗蛋白/%	19.02
乳清粉	3.5		
豆粕	25		
鱼粉（进口）	2		
预混料	4		
合计	100		

表 4-37　断奶仔猪料配方（三）

原料	含量/%	营养成分	含量
玉米	50	干物质/%	82.04
小麦	13	猪消化能/(MJ/kg)	13.53
小麦麸	2.5	粗蛋白/%	19.22
乳清粉	3.5		
豆粕	25		
鱼粉（进口）	2		
预混料	4		
合计	100		

表 4-38　断奶仔猪料配方（四）

原料	含量/%	营养成分	含量
玉米	45	干物质/%	82.07
小麦	19	猪消化能/(MJ/kg)	13.53
小麦麸	2.5	粗蛋白/%	19.18
乳清粉	3.5		
豆粕	24		
鱼粉（进口）	2		
预混料	4		
合计	100		

表 4-39 断奶仔猪料配方（五）

原料	含量/%	营养成分	含量
玉米	40	干物质/%	82.12
小麦	24	猪消化能/（MJ/kg）	13.52
小麦麸	2.5	粗蛋白/%	19.44
乳清粉	3.5		
豆粕	24		
鱼粉（进口）	2		
预混料	4		
合计	100		

表 4-40 断奶仔猪料配方（六）

原料	含量/%	营养成分	含量
玉米	60	干物质/%	80.13
小麦麸	5	猪消化能/（MJ/kg）	13.46
乳清粉	3	粗蛋白/%	18.74
豆粕	28		
预混料	4		
合计	100		

表 4-41 断奶仔猪料配方（七）

原料	含量/%	营养成分	含量
玉米	55	干物质/%	81.60
小麦	7	猪消化能/（MJ/kg）	13.55
小麦麸	3	粗蛋白/%	18.97
乳清粉	3		
豆粕	28		
预混料	4		
合计	100		

表 4-42　断奶仔猪料配方（八）

原料	含量/%	营养成分	含量
玉米	50	干物质/%	81.61
小麦	14	猪消化能/（MJ/kg）	13.54
小麦麸	3	粗蛋白/%	18.62
乳清粉	3		
豆粕	26		
预混料	4		
合计	100		

表 4-43　断奶仔猪料配方（九）

原料	含量/%	营养成分	含量
玉米	45	干物质/%	81.64
小麦	20	猪消化能/（MJ/kg）	13.54
小麦麸	3	粗蛋白/%	18.58
乳清粉	3		
豆粕	25		
预混料	4		
合计	100		

表 4-44　断奶仔猪料配方（十）

原料	含量/%	营养成分	含量
玉米	64	干物质/%	79.88
小麦麸	5	猪消化能/（MJ/kg）	13.42
豆粕	25	粗蛋白/%	18.61
鱼粉	2		
预混料	4		
合计	100		

表 4-45 断奶仔猪料配方（十一）

原料	含量/%	营养成分	含量
玉米	60	干物质/%	81.36
小麦麸	3	猪消化能/(MJ/kg)	13.51
小麦	5	粗蛋白/%	19.08
豆粕	26		
鱼粉	2		
预混料	4		
合计	100		

表 4-46 断奶仔猪料配方（十二）

原料	含量/%	营养成分	含量
玉米	55	干物质/%	81.41
小麦麸	3	猪消化能/(MJ/kg)	13.51
小麦	10	粗蛋白/%	19.34
豆粕	26		
鱼粉	2		
预混料	4		
合计	100		

表 4-47 断奶仔猪料配方（十三）

原料	含量/%	营养成分	含量
玉米	50	干物质/%	81.46
小麦麸	3	猪消化能/(MJ/kg)	13.50
小麦	15	粗蛋白/%	19.60
豆粕	26		
鱼粉	2		
预混料	4		
合计	100		

表 4-48　断奶仔猪料配方（十四）

原料	含量/%	营养成分	含量
玉米	46	干物质/%	82.37
小麦麸	3	猪消化能/(MJ/kg)	13.64
小麦	20	粗蛋白/%	19.95
豆粕	25		
鱼粉	2		
预混料	4		
合计	100		

表 4-49　断奶仔猪料配方（十五）

原料	含量/%	营养成分	含量
玉米	64	干物质/%	81.37
小麦麸	3	猪消化能/(MJ/kg)	13.38
豆粕	24	粗蛋白/%	19.16
棉籽粕	3		
鱼粉	2		
预混料	4		
合计	100		

表 4-50　断奶仔猪料配方（十六）

原料	含量/%	营养成分	含量
玉米	65	干物质/%	81.31
小麦麸	3	猪消化能/(MJ/kg)	13.59
豆粕	26	粗蛋白/%	19.02
血浆蛋白粉	2		
预混料	4		
合计	100		

表 4-51　断奶仔猪料配方（十七）

原料	含量/%	营养成分	含量
玉米	60	干物质/%	81.57
小麦麸	3	猪消化能/(MJ/kg)	13.37
豆粕	24	粗蛋白/%	19.40
菜籽粕	4		
乳清粉	3		
鱼粉	2		
预混料	4		
合计	100		

表 4-52　断奶仔猪料配方（十八）

原料	含量/%	营养成分	含量
玉米	60	干物质/%	81.54
小麦麸	3	猪消化能/(MJ/kg)	13.37
豆粕	25	粗蛋白/%	19.02
菜籽粕	5		
乳清粉	3		
预混料	4		
合计	100		

表 4-53　断奶仔猪料配方（十九）

原料	含量/%	营养成分	含量
玉米	63	干物质/%	81.33
小麦麸	3	猪消化能/(MJ/kg)	13.31
豆粕	22	粗蛋白/%	19.40
菜籽粕	5		
鱼粉	3		
预混料	4		
合计	100		

表 4-54 断奶仔猪料配方（二十）

原料	含量/%	营养成分	含量
玉米	60	干物质/%	80.07
小麦麸	5	猪消化能/（MJ/kg）	13.31
豆粕	18	粗蛋白/%	19.10
花生饼	8		
乳清粉	3		
鱼粉	2		
预混料	4		
合计	100		

表 4-55 断奶仔猪料配方（二十一）

原料	含量/%	营养成分	含量
玉米	60	干物质/%	81.49
小麦麸	3	猪消化能/（MJ/kg）	13.42
豆粕	20	粗蛋白/%	19.36
花生饼	10		
乳清粉	3		
预混料	4		
合计	100		

表 4-56 断奶仔猪料配方（二十二）

原料	含量/%	营养成分	含量
玉米	63	干物质/%	79.80
小麦麸	5	猪消化能/（MJ/kg）	13.27
豆粕	15	粗蛋白/%	19.02
花生饼	11		
鱼粉	2		
预混料	4		
合计	100		

表 4-57 断奶仔猪料配方 (二十三)

原料	含量/%	营养成分	含量
玉米	63	干物质/%	82.65
小麦麸	5	猪消化能/(MJ/kg)	13.81
豆粕	18	粗蛋白/%	19.56
花生饼	5		
乳清粉	3		
血浆蛋白粉	2		
预混料	4		
合计	100		

表 4-58 断奶仔猪料配方 (二十四)

原料	含量/%	营养成分	含量
玉米	60	干物质/%	81.64
小麦麸	3	猪消化能/(MJ/kg)	13.59
豆粕	25	粗蛋白/%	19.32
玉米蛋白粉	5		
乳清粉	3		
预混料	4		
合计	100		

表 4-59 断奶仔猪料配方 (二十五)

原料	含量/%	营养成分	含量
玉米	55	干物质/%	80.23
小麦麸	5	猪消化能/(MJ/kg)	13.67
豆粕	35	粗蛋白/%	21.04
豆油	1		
预混料	4		
合计	100		

表 4-60 断奶仔猪料配方（二十六）

原料	含量/%	营养成分	含量
玉米	55	干物质/%	85.39
小麦麸	3	猪消化能/(MJ/kg)	14.87
大豆(熟)	38	粗蛋白/%	18.75
预混料	4		
合计	100		

第四节 生长肥育猪饲料配方

生长肥育猪指从 20kg 至出栏的猪，按照生理特点和发育规律，可以划分为生长期（20～60kg）和肥育期（60kg 至出栏），还可以把生长期再划分为 20～35kg 和 35～60kg。20～35kg 体重的猪，也可划到保育后期仔猪范围，此阶段的猪消化系统的功能仍然较弱，胃容积较小，身体各部分机能正处于逐步完善时期，但是对周围环境和饲料已经适应，免疫力逐渐增强，生长的主要是骨骼和肌肉，在蛋白质饲料原料选择的范围上可以更广。体重 35～60kg 为肥育前期，日粮中的能量和蛋白质主要用于促进增重和肌肉的充分生长，所以应采用高能量、高蛋白质日粮。体重 60kg 以后为肥育后期，此阶段猪的各系统器官均已完善，消化吸收能力增强，机体抵抗力增强，骨骼和肌肉的生长速度变慢，而脂肪的沉积加快，所以应适当控制日粮的能量水平，保证日粮中 8 种必需氨基酸的质量。

一、生长肥育猪的营养生理特点

1. 生长期

体重 20～60kg 为生长期。此阶段猪的机体各组织、器官的生长发育功能不很完善，尤其是刚刚 20kg 体重的猪，其消化系统的功能较弱，消化液中某些有效成分不能满足猪的需要，影响了营养物质的吸收和利用，并且此时猪只胃的容积较小，神经系统和机体对外界环境的抵抗力也正处于逐步完善阶段。这个阶段主要是骨骼和肌肉的生长，而脂肪的增长比较缓慢。

2. 肥育期

体重60kg至出栏为肥育期。此阶段猪的各器官、系统的功能都逐渐完善，尤其是消化系统有了很大发展，对各种饲料的消化吸收能力都有很大改善；神经系统和机体对外界的抵抗力也逐步提高，逐渐能够快速适应周围温度、湿度等环境因素的变化。此阶段猪的脂肪组织生长旺盛，肌肉和骨骼的生长较为缓慢。

生长肥育猪的经济效益主要是通过生长速度、饲料利用率和瘦肉率来体现的，因此，要根据生长肥育猪的营养需要配制合理的日粮，以最大限度地提高瘦肉率和肉料比。

动物为能而食，一般情况下，猪日采食能量越多，日增重越快，饲料利用率越高，沉积脂肪也越多。但此时瘦肉率降低，胴体品质变差。蛋白质的需要更为复杂，为了获得最佳的肥育效果，不仅要满足蛋白质量的需求，还要考虑必需氨基酸之间的平衡和利用率。能量高使胴体品质降低，而适宜的蛋白质能够改善猪胴体品质，这就要求日粮具有适宜的能量蛋白比。猪是单胃杂食动物，对饲料粗纤维的利用率很有限，研究表明，在一定条件下，随饲料粗纤维水平的提高，能量摄入量减少，增重速度和饲料利用率降低。

因此猪日粮粗纤维不宜过高，肥育期应低于8%。矿物质和维生素是猪正常生长和发育不可缺少的营养物质，长期过量或不足，将导致代谢紊乱，轻者增重减慢，严重者发生缺乏症或死亡。生长期为满足肌肉和骨骼的快速增长，要求能量、蛋白质、钙和磷的水平较高，饲粮含消化能12.97～13.97MJ/kg，粗蛋白水平为16%～18%，适宜的能量蛋白比为188.28～217.57g粗蛋白/MJDE，钙0.50%～0.55%，磷0.41%～0.46%，赖氨酸0.56%～0.64%，蛋氨酸+胱氨酸0.37%～0.42%。肥育期要控制能量，减少脂肪沉积，饲粮含消化能12.30～12.97MJ/kg，粗蛋白水平为13%～15%，适宜的能量蛋白比为188.28g粗蛋白/MJDE，钙0.46%，磷 0.37％，赖氨酸 0.52％，蛋氨酸＋胱氨酸 0.28％。

饲料利用特点如下。

（1）粗纤维量不可过高　生长肥育猪饲料的粗纤维为 3％～4％，要选用粗纤维含量低的原料，不可过多使用米糠、稻谷等粗纤维量高的原料。

（2）蛋白质水平要保证　瘦肉型猪体组织中的蛋白质比例高，其日粮蛋白质水平在 15～30kg 体重阶段应为 17.5％，30～60kg 阶段为 16.5％，60kg 重至出栏阶段为 15.0％。另外还往往需要添加氨基酸 0.10％～0.15％，蛋氨酸 0.05％～0.08％。

（3）营养平衡很重要　规模化猪场群饲养密度高又缺乏日光照射和青饲料，许多天然微量成分不能自行获得，加上瘦肉型猪日增重高达 800g 以上，因此日粮中添加各种添加剂非常必要。值得注意的是，一些用量甚微的成分，如亚硒酸钠、喹乙醇等，添加过量会引起猪中毒，而人工拌入又很难搅拌均匀。

二、生长肥育猪的饲料配方设计特点

在商品肉猪的日粮中，除了注意能量、蛋白质水平和必需氨基酸的平衡外，还要注意钙、磷、食盐的供给，同时，对主要维生素也不能忽视。至于微量元素，一般封闭式猪舍，猪没有机会接触土壤，很易缺乏，还须注意这类养分的补充，可外购商品性维生素和微量元素添加剂。按着以上要求列举如下饲料配方，数据仅供参考。

三、预混料配方

见表 4-61。

表 4-61　生长肥育猪每千克预混料配方（按 4％添加）

成分＼含量	产品	
	中猪	大猪
维生素 A/IU	112500	75000
维生素 D_3/IU	33750	22500

含　量 成　分	产品	
	中猪	大猪
维生素 E/IU	337.5	225
维生素 K_3/mg	67.5	45
维生素 B_1/mg	22.5	15
维生素 B_2/mg	67.5	45
维生素 B_6/mg	33.8	22.5
维生素 B_{12}/mg	0.25	0.25
烟酸/mg	450	300
泛酸/mg	270	180
叶酸/mg	15	12.5
生物素/mg	2.25	1.75
氯化胆碱/g	10	10
铁/g	1.95	1.875
铜/g	5~5.25	5~5.25
锌/g	1.95	1.825
锰/g	0.375	0.35
碘/mg	12	12
硒/mg	9~10	9~10
钙/g	150	140
磷/g	23	14.9
盐/g	75	75
赖氨酸/%	4	3
植酸酶/U	15000	15000

四、配方举例

见表 4-62～表 4-81。

表 4-62　20～35kg 生长肥育猪饲料配方（一）

原料	含量/%	营养成分	含量
玉米	62	干物质/%	76.27
小麦麸	10	猪消化能/(MJ/kg)	13.17
豆粕	22	粗蛋白/%	17.89
鱼粉	2		
预混料	4		
合计	100		

表 4-63　20～35kg 生长肥育猪饲料配方（二）

原料	含量/%	营养成分	含量
玉米	58	干物质/%	76.44
小麦	5	猪消化能/(MJ/kg)	13.17
小麦麸	10	粗蛋白/%	17.79
豆粕	21		
鱼粉	2		
预混料	4		
合计	100		

表 4-64　20～35kg 生长肥育猪饲料配方（三）

原料	含量/%	营养成分	含量
玉米	62	干物质/%	78.60
小麦麸	7	猪消化能/(MJ/kg)	13.35
豆粕	21	粗蛋白/%	17.95
棉籽粕	5		
豆油	1		
预混料	4		
合计	100		

表 4-65　20～35kg 生长肥育猪饲料配方（四）

原料	含量/%	营养成分	含量
玉米	62	干物质/%	79.84
小麦麸	5	猪消化能/（MJ/kg）	13.28
脱脂米糠	5	粗蛋白/%	17.86
豆粕	22		
鱼粉	2		
预混料	4		
合计	100		

表 4-66　20～35kg 生长肥育猪饲料配方（五）

原料	含量/%	营养成分	含量
玉米	64	干物质/%	77.72
小麦麸	8	猪消化能/（MJ/kg）	13.31
豆粕	17	粗蛋白/%	17.76
玉米蛋白粉	5		
鱼粉	2		
预混料	4		
合计	100		

表 4-67　20～35kg 生长肥育猪饲料配方（六）

原料	含量/%	营养成分	含量
玉米	56	干物质/%	79.92
高粱	5	猪消化能/（MJ/kg）	13.44
稻谷	5	粗蛋白/%	17.43
小麦麸	5		
豆粕	22		
鱼粉	2		
豆油	1		
预混料	4		
合计	100		

表 4-68 20～35kg 生长肥育猪饲料配方（七）

原料	含量/%	营养成分	含量
玉米	52	干物质/%	76.45
小麦麸	10	猪消化能/(MJ/kg)	13.30
碎米	10	粗蛋白/%	17.74
豆粕	24		
预混料	4		
合计	100		

表 4-69 20～35kg 生长肥育猪饲料配方（八）

原料	含量/%	营养成分	含量
玉米	52	干物质/%	78.46
小麦麸	8	猪消化能/(MJ/kg)	13.21
次粉	15	粗蛋白/%	17.55
豆粕	20		
鱼粉	1		
预混料	4		
合计	100		

表 4-70 20～35kg 生长肥育猪饲料配方（九）

原料	含量/%	营养成分	含量
玉米	60	干物质/%	76.40
小麦麸	10	猪消化能/(MJ/kg)	13.24
豆粕	18	粗蛋白/%	17.84
棉籽粕	3		
花生饼	4		
豆油	1		
预混料	4		
合计	100		

表 4-71　瘦肉型生长肥育猪不同阶段的饲料配方（一）

体重阶段 饲料类别/%	20～35kg	35～60kg	60～90kg
玉米	60	65	63
麦麸	12	5	10
脱脂米糠	—	4	8
豆粕	24	21	14
豆油	—	1	1
预混料	4	4	4
合计	100	100	100
营养含量			
消化能/(MJ/kg)	13.21	13.35	13.36
粗蛋白/%	17.57	16.83	14.53

表 4-72　瘦肉型生长肥育猪不同阶段的饲料配方（二）

体重阶段 饲料类别/%	35～60kg	60～90kg
玉米	53	50
高粱	3	5
小麦	5	5
稻谷	3	3
脱脂米糠	3	8
麦麸	8	10
豆饼	20	14
豆油	1	1
预混料	4	4
营养含量		
消化能/(MJ/kg)	13.32	13.06
粗蛋白/%	16.36	14.7

表 4-73 生长肥育猪不同阶段饲料配方（一）

饲料组成/%＼体重阶段	15～30kg	30～60kg	60～90kg
玉米	63.2	59.8	51.2
豆粕	19.9	14.6	9.7
鱼粉	2.5	1	—
酵母粉(45%)	2.5	—	—
次粉	—	8	14
麦麸	4	5	8.5
米糠	—	—	5
棉粕	2	4	3
菜籽粕	2	4	5
骨粉	1.5	0.7	0.7
石粉	1	1.5	1.5
食盐	0.4	0.4	0.4
预混料	1	1	1
营养成分			
消化能/(MJ/kg)	13.59	13.17	13.17
粗蛋白/%	19.06	16.8	15.34
钙/%	0.88	0.85	0.75
磷/%	0.61	0.6	0.51
赖氨酸/%	0.95	0.8	0.68
蛋氨酸/%	0.28	0.27	0.21
蛋氨酸＋胱氨酸/%	0.4	0.31	0.3

表 4-74 生长肥育猪不同阶段饲料配方（二）

饲料组成/%＼体重阶段	15～30kg	30～60kg	60～90kg
玉米	54	60	60
高粱	5	0	0

续表

体重阶段 饲料组成/%	15～30kg	30～60kg	60～90kg
次粉	12	16	16
豆粕	18	8	8
棉粕	3	8	8
酵母粉(45%)	4	4	—
米糠	—	—	4
预混料	4	4	4
营养成分			
消化能/(MJ/kg)	13.5	13.46	13.29
粗蛋白/%	17.92	15.27	14.35
钙/%	0.72	0.74	0.74
有效磷/%	0.31	0.26	0.24
蛋氨酸/%	0.3	0.22	0.2
赖氨酸/%	0.92	0.72	0.57
胱氨酸/%	0.09	0.09	0.09

表 4-75 生长肥育猪不同阶段饲料配方（三）

体重阶段 饲料组成/%	15～30kg	30～60kg	60～90kg
玉米	60	65	72
麸皮	6.5	8	8
豆饼	18.5	15	11
花生饼	4	5	4
国产鱼粉	4	2	1
肉粉	3	2	1
骨粉	1	1	1
植物油	1	0	0
预混料	2	2	2

饲料组成/% 体重阶段	15～30kg	30～60kg	60～90kg
营养成分			
消化能/(MJ/kg)	13.44	13.44	13.44
粗蛋白/%	18	16	14
钙/%	0.9	0.85	0.65
磷/%	0.65	0.54	0.48
赖氨酸/%	1.05	0.72	0.6

表 4-76　生长育肥猪不同阶段饲料配方（四）

饲料组成/% 体重阶段	35～60kg	60～90kg
玉米	61	65
豆粕	15.3	7.5
玉米蛋白粉	5	9
麸皮	15	15
石粉	1.5	1.5
磷酸氢钙	0.9	0.7
食盐	0.3	0.3
预混料	1	1
营养成分		
消化能/(MJ/kg)	13.17	13.33
粗蛋白/%	16.1	14.1
钙/%	0.8	0.79
磷/%	0.56	0.49
赖氨酸/%	0.65	0.49
蛋氨酸＋胱氨酸/%	0.47	0.44

表 4-77 生长育肥猪不同阶段饲料配方（五）

饲料组成/% \ 体重阶段	35～60kg	60～90kg
玉米	47	48
豆饼	17	13
血粉	9	9
地瓜干	13	10
麸皮	5	7
地瓜秧	7.5	12
骨粉	1	0.5
食盐	0.5	0.5
营养成分		
消化能/(MJ/kg)	12.96	12.56
粗蛋白/%	16.5	15.3
钙/%	0.64	0.54
磷/%	0.4	0.33
赖氨酸/%	0.77	0.7
蛋氨酸＋胱氨酸/%	0.34	0.32

表 4-78 生长育肥猪不同阶段饲料配方（六）

饲料组成/% \ 体重阶段	35～60kg	60～90kg
玉米	65.5	65.6
次粉	6.7	10.7
豆饼	13	10
菜籽饼	5	5
棉籽饼	3	4
进口鱼粉	2.5	1
贝壳粉	1	0.7

体重阶段 饲料组成/%	35~60kg	60~90kg
骨粉	1.8	1.5
食盐	0.5	0.5
1%预混料	1	1
营养成分		
消化能/(MJ/kg)	13.04	13.17
粗蛋白/%	16.7	15.3
钙/%	0.81	0.89
有效磷/%	0.51	0.46
赖氨酸/%	0.74	0.61
蛋氨酸+胱氨酸/%	0.38	0.3

表 4-79　生长肥育猪不同阶段饲料配方（七）

体重阶段 饲料组成/%	35~60kg	60~90kg
玉米	56	64.2
稻谷	6	6
次粉	18	5
豆粕	12	20.8
鱼粉	4	—
预混料	4	4
营养成分		
消化能/(MJ/kg)	13.01	13.21
粗蛋白/%	14.59	14.75
粗纤维/%	5.58	3.76

表 4-80　生长肥育猪不同阶段饲料配方（八）

饲料组成/% ＼ 体重阶段	35～60kg	35～60kg
玉米	59	60
小麦	5	3
脱脂米糠	3	5
麸皮	8	6
豆粕	15	11
棉粕	2	5
玉米蛋白粉	3	5
豆油	1	1
预混料	4	4
营养成分		
消化能/(MJ/kg)	13.38	13.30
粗蛋白/%	16.37	16.59

表 4-81　生长肥育猪不同阶段饲料配方（九）

饲料组成/% ＼ 体重阶段	60～90kg	60～90kg
玉米	55	55
小麦	3	2
稻谷	3	3
高粱	2	2
次粉	3	4
脱脂米糠	5	9
麸皮	9	5
豆粕	8	8
棉粕	2	—
菜粕	2	4
玉米蛋白粉	3	3

续表

体重阶段 饲料组成/%	60～90kg	60～90kg
豆油	1	1
预混料	4	4
营养成分		
消化能/（MJ/kg）	13.06	13.16
粗蛋白/%	14.70	14.57

第五节　种母猪饲料配方

一、种母猪的营养生理特点

母猪的繁殖性能与营养有着很大的关系，适合的营养供给为母猪正常繁殖并延长母猪使用寿命奠定了基础。母猪繁殖周期可分为后备期、断乳空怀期、怀孕前期、怀孕后期、哺乳期5个阶段。这5个阶段的饲料选择与控制根据母猪的状况各不相同。母猪的营养概括起来就是"低妊娠高泌乳"。

1. 后备母猪

后备母猪处于生长发育阶段，饲料品质、营养水平和蛋白质水平对其体形发育、生殖系统发育至关重要。后备母猪体重在30kg前，每千克配合饲料应含消化能13MJ、粗蛋白16%、赖氨酸0.8%、钙0.75%、磷0.65%。体重达到45kg以后，日粮中的钙、磷水平可以再提高0.1%。5月龄体重达90kg左右时根据体况，进行适当限料，防止过肥或过瘦。6～7月龄时对收腹较明显的后备母猪，要求饲料粗纤维要高，饲喂要足，并尽量多喂青饲料，使猪腹线在短期内尽快发育，呈一定弧度，便于日后怀孕产仔，还可以延长母猪利用年限。后备母猪太肥时，发情不正常或不明显，第一胎产仔哺乳性能差，断奶后发情困难；太瘦时，会出现不发情或推迟发情时间，第一胎产仔后乳汁差，影响仔猪的生长，断奶后虚弱或体况差，影响发情，严重时不能作种用甚至淘汰，从而缩短使用年限。后备母猪前期蛋白质和能量要求高，蛋白质 18％，能量 12.5MJ/kg；后期要求低，蛋白质 16％～17％，能量 11.7～12.1MJ/kg。饲料中钙、磷的含量应足够。后备母猪在身体发育阶段，饲喂能满足最佳骨骼沉积所需钙磷水平的全价饲料，可延长其繁殖寿命。一般，饲料中钙为 0.95％，磷为 0.80％。配种前 3 周开始，为了保证其性欲的正常和排卵数的增加，应适当增加饲料量至 3kg 左右。适当饲喂青饲料，可提高后备母猪的消化能力，促进生理机能的正常发挥。

2. 空怀母猪

空怀母猪指断奶后配种前的母猪。饲料营养水平的高低和蛋白质水平对空怀母猪的正常发情有重要影响，饲料的选择和控制不当，会影响母猪的繁殖周期。空怀母猪营养水平需要为 11.3～11.5MJ/kg，蛋白质为 14％左右。空怀期阶段空怀母猪往往在断乳后 1～3 天出现断乳应激，极易引起乳房炎、高烧等病症。此时，结合断乳母猪的肥瘦控制日喂饲料量相当重要。因此，断乳期母猪饲喂量应为 2 餐/天，定量饲喂，绝不能任其自由采食，饲料亦不能突然更换。断乳后 3 天内，可将哺乳料逐步换成空怀料或大猪料。同时增加轻泻性的麸皮和多汁嫩绿的青饲料。为了补充哺乳期间体重的损失，配种前的空怀母猪应饲喂足够的哺乳母猪料，以尽快恢复体况，促进发情。根据体况，太瘦的母猪应额外加料，因为母猪太瘦时，体脂肪积累不多，自身生长满足不了，影响正常的发情，最终导致使用年限缩短。

3. 怀孕母猪

怀孕母猪由于维持自身需要，体能的增加及胚胎、胎儿的正常发育，因此，其营养需要比空怀母猪高，一般能量水平为 11.5～11.7MJ/kg，蛋白质为 14％左右。怀孕前期阶段饲料的控制对配种、受胎增加产仔数可起到促进作用。空怀母猪经配种后应继续限量饲喂，定时定餐，每日以饲喂 2～2.5kg 饲料为宜，饲喂至 20 天后，逐渐恢复母猪正常食料量。要根据母猪自身体况看猪喂料，肥则减料，瘦则加料，因怀孕期太瘦的母猪，会表现出断奶后发情延迟、受胎率降低、弱仔多、乳汁差、仔猪死亡率高等现象。日粮中蛋白质水平要适中，一般为 14% 左右。蛋白质过高，对妊娠不利，过低则会影响母猪的繁殖性能。怀孕后期，可对母猪饲喂一定的青绿多汁饲料，一方面可促进母猪食欲的提高，缓解便秘现象；另一方面可促进胎儿发育及提高产仔率。怀孕后期一般不要用哺乳母猪料，因为这种喂法母猪容易便秘，引起食欲下降，体况变差。日粮中矿物质、钙、磷要足够且平衡。日粮中钙缺乏时，对于母猪会导致骨质疏松症，容易造成产前或产后瘫痪，并降低产后的泌乳量；对于发育的胚胎及胎儿，特别是后期的胎儿，由于骨骼发育需要大量的钙，缺乏时可引起软骨病等。磷缺乏时，可导致母猪流产甚至不孕。正常情况下，对于怀孕母猪来说，钙、磷比为 1.5∶1。日料中维生素的量要适当。长期缺乏维生素 A 时，可导致仔猪体质虚弱，甚至引起瞎眼，而母猪则表现为繁殖性能下降。

4. 哺乳母猪

在整个养猪生产线中，哺乳母猪处于最重要的地位，因为哺乳母猪饲喂管理得好，母猪断乳后能更快发情，缩短整个繁殖周期并且保持良好的繁殖性能，还可以保证仔猪在断乳后转到保育舍时易于饲养，为提高育成率打下坚实的基础；管理饲喂不当时，母猪过肥或过瘦都会影响下一次发情，延长了空怀期从而影响整个生产周期。现在绝大多数专家认为，分娩当天不喂料，第 2 天喂 1kg 左右，以后每天增加 0.5kg，增至每天 4～5kg 直到断乳为止；能量不应低于 11.72MJ/kg，蛋白质不低于 16%。能量太低时，哺乳母猪一方面要维持自身能量需要，另一方面又要哺乳仔猪，这样母猪要过多消耗自身的体能，造成体重过分损失。

二、种母猪的饲料配方特点

母猪在怀孕期消化能力很强，因此可以利用一些廉价的粗饲料。要求前期饲料的消化率不低于 60% 即可，后期饲料的消化率应稍高一些。饲料中蛋白质浓缩料的比例可以参考生产商的建议，这样才能保证饲料矿物质、维生素的浓度。妊娠母猪日粮中应该配入较高比例的粗饲料，这对于母猪的健康和繁殖性能都有利。一般要求怀孕母猪饲料的粗纤维含量以 6% 左右为适宜。可配入麦麸 15%～25%，这样母猪更有饱腹感，不易发生便秘，有利于防止消化道溃疡。麦麸也可用其他粗饲料替代，如啤酒糟、苜蓿草粉、大米糠、花生秧粉粉等。其余部分为谷物，如玉米、大麦、小麦。注意棉籽饼最好不要用，麦麸等原料不能被霉菌污染。母猪的饲喂标准见表 4-82。

表 4-82　母猪的饲喂标准

生长阶段	生产目标	饲喂量（体重 90～130kg）	营养标准（NRC）	注意
后备母猪	1. 日龄 220～240 天； 2. 体重 130～150kg； 3. 背膘 1.8～2.0cm； 4. 体型分 3～3.5	1.2.6 ～ 3.2kg/天； 2. 配种前 3.5～4.0kg/天以促进催情排卵	ME：3.00～3.05kcal/kg； CP：14%～15%	第三次发情配种
怀孕母猪	1. 出生活仔猪 11 头/窝； 2. 个体出生重 1.35kg/头； 3. 体型 3.5～4 分； 4. 孕期 0～100 天	1. 后备怀孕母猪 2～2.5kg/天； 2. 经产怀孕母猪 2.25～2.5kg/天	ME：3.00～3.05kcal/kg 饲料； CP：14%～15%	1. 怀孕前期 0～30 天，喂量不宜高； 2. 中期 30～60 天，喂量增加改善体型及肌肉纤维数； 3. 待产前 14 天，提高喂量以维持体型及仔猪出生重
哺乳母猪	1. 断奶活仔猪 10 头/窝，7kg/头； 2. 体型维持 3 分	哺乳早期日增加 0.5～0.6kg 饲喂直到 5～6kg/天	ME：3.25～3.30kcal/kg； CP：16%～17%	哺乳后期要提高采食量，采取自由采食，以保持体型维持断奶后正常发情
断奶母猪	断奶后 5～7 天内发情参加配种	3.5～4.0kg/天（营养值）	同怀孕母猪	如果母猪体型太瘦（3 分以下），可饲喂乳猪料以快速恢复体型

三、预混料配方

见表 4-83。

表 4-83 母猪每千克预混料配方（按 4% 添加）

营养素	妊娠母猪	哺乳母猪
维生素 A/IU	1100000	275000
维生素 D_3/IU	150000	37500
维生素 E/IU	2000	550
维生素 K_3/mg	200	75
维生素 B_1/mg	100	25
维生素 B_2/mg	300	93.75
维生素 B_6/mg	150	37.5
维生素 B_{12}/mg	1	0.375
烟酸/mg	3000	750
泛酸/mg	1500	375
叶酸/mg	120	17.5
生物素/mg	5	5
氯化胆碱/g	32	45
铁/g	6	2
铜/g	1	0.4~0.5
锌/g	7	2
锰/g	1.5	0.4
碘/mg	50	12.5
硒/mg	32	8~10
钙/g		180
磷/g		30.4
盐/g		100
赖氨酸/%		2
植酸酶/U		15000

四、饲料配方举例

见表 4-84～表 4-98。

表 4-84 空怀母猪的日粮配方（一）

原料	含量/%	营养成分	含量
玉米	50	干物质/%	76.12
脱脂米糠	10	猪消化能/(MJ/kg)	12.35
小麦麸	10	粗蛋白/%	14.90
豆粕	7		
棉籽粕	3		
菜籽粕	3		
玉米蛋白粉	2		
高粱	4		
稻谷	5		
苜蓿草粉	2		
预混料	4		
合计	100		

表 4-85 空怀母猪的日粮配方（二）

原料	含量/%	营养成分	含量
玉米	45	干物质/%	76.26
小麦	5	猪消化能/(MJ/kg)	12.16
高粱	4	粗蛋白/%	14.58
稻谷	5		
脱脂米糠	10		
小麦麸	10		
豆粕	3		
棉籽粕	3		
菜籽粕	3		
花生饼	2		
玉米蛋白粉	2		
苜蓿草粉	4		
预混料	4		
合计	100		

表 4-86　空怀母猪的日粮配方（三）

原料	含量/%	营养成分	含量
玉米	50	干物质/%	76.40
小麦	10	猪消化能/(MJ/kg)	12.77
高粱	4	粗蛋白/%	14.04
稻谷	5		
碎米	4		
小麦麸	10		
豆粕	3		
棉籽粕	3		
菜籽粕	3		
花生饼	2		
玉米蛋白粉	2		
预混料	4		
合计	100		

表 4-87　空怀母猪的日粮配方（四）

原料	含量/%	营养成分	含量
玉米	54	干物质/%	76.41
小麦	10	猪消化能/(MJ/kg)	12.74
脱脂米糠	5	粗蛋白/%	14.73
小麦麸	10		
豆粕	13		
苜蓿草粉	4		
预混料	4		
合计	100		

表 4-88　空怀母猪的日粮配方（五）

原料	含量/%	营养成分	含量
玉米	50	干物质/%	76.38

原料	含量/%	营养成分	含量
稻谷	5	猪消化能/(MJ/kg)	12.59
小麦	10	粗蛋白/%	14.33
小麦麸	10		
脱脂米糠	5		
豆粕	12		
苜蓿草粉	4		
预混料	4		
合计	100		

表 4-89　空怀母猪的日粮配方（六）

原料	含量/%	营养成分	含量
玉米	40	干物质/%	76.68
脱脂米糠	5	猪消化能/(MJ/kg)	12.86
小麦麸	10	粗蛋白/%	14.63
碎米	15		
小麦	10		
豆粕	12		
苜蓿草粉	4		
预混料	4		
合计	100		

表 4-90　空怀母猪的日粮配方（七）

原料	含量/%	营养成分	含量
玉米	50	干物质/%	76.13
次粉	15	猪消化能/(MJ/kg)	12.62
脱脂米糠	5	粗蛋白/%	14.59
小麦麸	10		
豆粕	12		
苜蓿草粉	4		
预混料	4		
合计	100		

表 4-91　空怀母猪的日粮配方（八）

原料	含量/%	营养成分	含量
玉米	60	干物质/%	76.03
脱脂米糠	7	猪消化能/（MJ/kg）	12.50
小麦麸	10	粗蛋白/%	14.50
豆粕	5		
花生饼	5		
玉米蛋白粉	3		
苜蓿草粉	6		
预混料	4		
合计	100		

表 4-92　空怀母猪的日粮配方（九）

原料	含量/%	营养成分	含量
玉米	45	干物质/%	76.63
脱脂米糠	7	猪消化能/（MJ/kg）	12.50
小麦麸	10	粗蛋白/%	15.30
小麦	15		
豆粕	5		
花生饼	5		
玉米蛋白粉	3		
苜蓿草粉	6		
预混料	4		
合计	100		

表 4-93　空怀母猪的日粮配方（十）

原料	含量/%	营养成分	含量
玉米	50	干物质/%	75.98
稻谷	20	猪消化能/（MJ/kg）	12.55
小麦麸	10	粗蛋白/%	14.58

原料	含量/%	营养成分	含量
豆粕	8		
花生饼	5		
玉米蛋白粉	3		
预混料	4		
合计	100		

表 4-94　妊娠前期母猪饲料配方（一）

原料	含量/%	营养成分	含量
玉米	40	干物质/%	72.51
小麦	20	猪消化能/(MJ/kg)	11.83
小麦麸	10	粗蛋白/%	13.71
豆粕	5		
花生饼	5		
豆油	1		
苜蓿草粉	15		
预混料	4		
合计	100		

表 4-95　妊娠前期母猪饲料配方（二）

原料	含量/%	营养成分	含量
玉米	60	干物质/%	75.94
脱脂米糠	10	猪消化能/(MJ/kg)	12.39
小麦麸	10	粗蛋白/%	13.60
豆粕	5		
花生饼	5		
苜蓿草粉	6		
预混料	4		
合计	100		

表 4-96　妊娠母猪饲料配方

阶段 原料/%	妊娠前期	妊娠后期	哺乳期
玉米	35	40	38
豆饼	10	20	25
麦麸	13	8	10
高粱糠	40	30	25
贝壳粉	1.6	1.5	1.4
食盐	0.4	0.5	0.6
青饲料/[kg/(头·日)]	2.39	1.16	2.94
营养成分			
消化能/(MJ/kg)	12.51	12.8	12.8
粗蛋白/%	12.76	15.16	17.29

表 4-97　妊娠及哺乳母猪饲料配方 (一)

阶段 饲料组成/%	妊娠前期	妊娠后期	哺乳期
玉米	65	60	55
高粱	10	10	10
麦麸	10	10	10
豆粕	5	10	15
菜籽粕	5	5	5
豆油	1	1	1
预混料	4	4	4
营养成分			
消化能/(MJ/kg)	13.14	13.14	13.14
粗蛋白/%	12.26	14.03	15.81

表 4-98 妊娠及哺乳母猪饲料配方（二）

阶段 饲料组成/%	妊娠前期	妊娠后期	哺乳期
玉米	60	55	64
高粱	5	10	—
麦麸	5	10	10
豆粕	10	10	10
菜籽粕	5	5	—
豆油	1	1	2
苜蓿草粉	10	5	10
预混料	4	4	4
营养成分			
消化能/(MJ/kg)	12.63	12.74	13.10
粗蛋白/%	14.23	14.31	14.41

第六节　种公猪饲料配方

一、种公猪营养生理特点

种公猪的营养水平和饲料喂量，与品种类型、体重大小、配种利用强度等因素有关。我国的饲养标准将种公猪分为 90kg 以下、90～150kg、150kg 以上三个体重级，分别日喂 1.4kg、1.9kg、2.3kg，并根据配种强度和体况适当调整，总的要求是体况良好，性欲旺盛，能产生高质量的精液。

在季节性产仔的地区，种公猪的饲养管理分为配种期和非配种期。配种期饲料的营养水平和饲料喂量均高于非配种期，饲养标准约增加 20%～25%。一般在配种季节到来前 1 个月，在原日粮的基础上，加喂鱼粉、鸡蛋、多种维生素和青饲料，使种公猪在配种期内，保持旺盛的性欲和良好的精液品质，提高母猪的受胎率和产仔数。经验表明，在配种后喂一个鸡蛋，可保持种公猪身体强壮。在寒冷季节，环境温度降低时，饲养标准也应提高 10%～20%。在常年均衡产仔的猪场，种公猪常年配种使用，按配种期的营养水平和饲养喂量饲养。非配种期的营养标准为，每千克配合饲料含可消化能 12.55MJ，粗蛋白 14%，日喂量 2.0～2.5kg；配种期的营养标准为，每千克配合饲料含消化能 12.97MJ，粗蛋白 15%，日喂量 2.5～3.0kg。

1. 蛋白质水平

由于公猪的精液中干物质的成分主要是蛋白质，因此，饲料中蛋白质不足或摄入蛋白质量不足时，可降低种公猪的性欲、精液浓度、精液量和精液品质。另外，据有关资料表明，色氨酸的缺乏可引起公猪的睾丸萎缩，从而影响其正常生理机能。

2. 能量水平

公猪维持自身的生长需要、精液生成、配种活动等都需要能量。一般饲料中能量应达到 11.3～12.1MJ/kg，能量太低或采食量太少，公猪容易消瘦，性欲降低，随之而来的是其精液品质的下降，造成使用年限缩短。能量太高或采食量太大，公猪容易增肥。过肥的公猪一般不愿运动，易引起趾蹄病，配种或采精困难，从而导致性欲下降，精液品质差等。一般来说，符合营养标准的饲料，根据种公猪的体况，每天饲喂 2.3～2.5kg。

3. 微量元素的影响

饲料中缺乏硒、锌、碘、钴、锰等时，可影响公猪的繁殖机能，有的可造成公猪睾丸萎缩，影响精液的生成和精液品质。

4. 维生素的影响

饲料中维生素 E 对公猪比较重要，虽然没有证据表明它能提高种公猪的生产性能，但能提高免疫能力和减少应激，从而提高公猪的体质。

5. 青饲料的影响

坚持饲喂配合饲料的同时，每天添加 0.5～1kg 的青绿多汁饲料，可保持公猪良好的食欲和性欲，一定程度上提高了精液的品质。

二、种公猪的饲料配方特点

种公猪配合饲料在设计时要考虑种猪的繁殖能力，同时还要兼顾种公猪的体况，防止过肥或过瘦。日粮要注意蛋白质的数量和品质，钙、磷数量和比例，各种脂溶性维生素的充足供应等等。一方面要求日粮中的能量适中，含有丰富的优质蛋白质、维生素和矿物质；另一方面要求日粮适口性好。日粮的容积不大，因为过大会造成公猪垂腹，影响配种，所以日粮中不应有太多的粗饲料。多种来源的蛋白质饲料可以互补，提高蛋白质的生物学价值。日粮中的植物性蛋白质饲料可以采用豆饼、花生饼、菜籽饼和豆科干草粉，但不能用棉籽饼，因为其中的棉酚会杀死精子。日粮中的动物蛋白质饲料（如鱼粉、鸡蛋、蚕蛹和蚯蚓等），可以提高精液品质。日粮中的维生素，特别是维生素 A、维生素 D 和维生素 E 的缺乏，以及矿物质钙、磷和微量元素硒等的缺乏，都会直接影响公猪的精液品质和繁殖能力。适当补充一些青绿多汁饲料是有益的。种公猪的饲料严禁有发霉、变质和有毒饲料混入。

三、种公猪饲料配方

见表 4-99～表 4-110。

表 4-99 种公猪非配种期饲料配方（一）

原料	含量/%	营养成分	含量
玉米	65	干物质/%	76.04
脱脂米糠	6	猪消化能/(MJ/kg)	13.0445
小麦麸	10	粗蛋白/%	14.761
豆粕	15		
预混料	4		
合计	100		

表 4-100　种公猪非配种期饲料配方（二）

原料	含量/%	营养成分	含量
玉米	55	干物质/%	76.04
高粱	10	猪消化能/(MJ/kg)	12.9355
脱脂米糠	6	粗蛋白/%	14.791
小麦麸	10		
豆粕	15		
预混料	4		
合计	100		

表 4-101　种公猪非配种期饲料配方（三）

原料	含量/%	营养成分	含量
玉米	55	干物质/%	76.04
稻谷	10	猪消化能/(MJ/kg)	12.7425
小麦麸	10	粗蛋白/%	14.671
脱脂米糠	6		
豆粕	15		
预混料	4		
合计	100		

表 4-102　种公猪非配种期饲料配方（四）

原料	含量/%	营养成分	含量
玉米	60	干物质/%	76.29
小麦	10	猪消化能/(MJ/kg)	13.036
小麦麸	10	粗蛋白/%	13.506
脱脂米糠	6		
豆粕	10		
预混料	4		
合计	100		

表 4-103　种公猪非配种期饲料配方（五）

原料	含量/%	营养成分	含量
玉米	65	干物质/%	76.085
脱脂米糠	6	猪消化能/(MJ/kg)	13.0825
小麦麸	10	粗蛋白/%	14.766
豆粕	10		
玉米蛋白粉	5		
预混料	4		
合计	100		

表 4-104　种公猪非配种期饲料配方（六）

原料	含量/%	营养成分	含量
玉米	60	干物质/%	76.14
碎米	5	猪消化能/(MJ/kg)	12.90
小麦麸	10	粗蛋白/%	13.04
脱脂米糠	6		
小麦	5		
豆粕	5		
菜籽粕	5		
预混料	4		
合计	100		

表 4-105　种公猪配种期饲料配方（一）

原料	含量/%	营养成分	含量
玉米	55	干物质/%	76.485
小麦	10	猪消化能/(MJ/kg)	13.0735
小麦麸	10	粗蛋白/%	15.286
脱脂米糠	6		
豆粕	10		
玉米蛋白粉	5		
预混料	4		
合计	100		

表 4-106　种公猪配种期饲料配方（二）

原料	含量/%	营养成分	含量
玉米	60	干物质/%	76.355
碎米	5	猪消化能/(MJ/kg)	13.2806
小麦麸	10	粗蛋白/%	15.082
小麦	5		
豆粕	11		
玉米蛋白粉	5		
预混料	4		
合计	100		

表 4-107　种公猪配种期饲料配方（三）

原料	含量/%	营养成分	含量
玉米	60	干物质/%	76.26
小麦	5	猪消化能/(MJ/kg)	13.1741
碎米	5	粗蛋白/%	15.102
小麦麸	10		
豆粕	11		
花生饼	5		
预混料	4		
合计	100		

表 4-108　种公猪配种期饲料配方（四）

原料	含量/%	营养成分	含量
玉米	65	干物质/%	76.08
小麦麸	10	猪消化能/(MJ/kg)	12.89
豆粕	17	粗蛋白/%	15.31
苜蓿草粉	4		
预混料	4		
合计	100		

表 4-109 种公猪饲料配方 （一）

饲料组成/%	比例/%		营养成分	含量	
	非配种期	配种期		非配种期	配种期
玉米	63	65	消化能/（MJ/kg）	12.72	13.03
豆粕	15	20	粗蛋白/%	14.9	16.17
麦麸	15	7			
苜蓿草粉	3	4			
预混料	4	4			
合计	100	100			

表 4-110 种公猪饲料配方 （二）

饲料组成/%	比例/%		营养成分	含量	
	非配种期	配种期		非配种期	配种期
黄玉米	55	55	消化能/（MJ/kg）	12.42	12.45
稻谷	10	10	粗蛋白/%	14.53	15.4
麦麸	13	10			
豆粕	13	13			
鱼粉	1	3			
苜蓿粉	4	5			
预混料	4	4			
合计	100	100			

参 考 文 献

[1] 钟正泽，刘作华. 新编母猪饲料配方 600 例. 北京：化学工业出版社. 2008.

[2] 苏振环，陈隆. 小猪科学饲养技术. 北京：金盾出版社. 2006.

[3] 杨在宾. 新编仔猪饲料配方 600 例. 北京：化学工业出版社. 2008.

[4] 张乃锋. 猪饲料调制加工与配方集萃. 北京：中国农业科学技术出版社. 2013.

本社农业类相关书籍

书号	书名	定价
13164	猪病快速诊治	25 元
15702	桃李杏樱桃病虫害防治图解	32 元
15701	梨树病虫害防治图解	29 元
15700	苹果病虫害防治图解	29.8 元
13386	豇豆、菜豆、豌豆、扁豆病虫害鉴别与防治技术图解	28 元
13352	西瓜、甜瓜病虫害鉴别与防治技术图解	22 元
13325	番茄、茄子、辣椒病虫害鉴别与防治技术图解	35 元
13322	青花菜、花椰菜、甘蓝、芥蓝病虫害鉴别与防治技术图解	23 元
13286	莴苣、生菜、蕹菜、木耳菜病虫害鉴别与防治技术图解	25 元
13285	马铃薯、甘薯、山药病虫害鉴别与防治技术图解	20 元
13323	芹菜、香芹、菠菜、苋菜、茼蒿病虫害鉴别与防治技术图解	20 元
13145	葱蒜、韭菜、生姜病虫害鉴别与防治技术图解	20 元
13144	萝卜、青菜、大白菜病虫害鉴别与防治技术图解	23 元
13143	黄瓜、瓠瓜、丝瓜病虫害鉴别与防治技术图解	25 元
13142	西葫芦、南瓜、苦瓜、冬瓜病虫害鉴别与防治技术图解	25 元
15969	规模化羊场兽医手册	35 元
15971	规模化猪场兽医手册	35 元
15970	规模化鹅场兽医手册	29.8 元
15925	规模化牛场兽医手册	35 元
15751	蛇高效养殖技术一本通	25 元
15698	特种野猪养殖技术一本通	25 元
15687	怎样科学办好蜈蚣养殖场	19.8 元
15812	肉用野鸭高效养殖技术一本通	18 元
15810	獭兔高效养殖有问必答	20 元
15686	黑豚高效养殖技术一本通	19 元

书号	书名	定价
15676	怎样科学办好蚯蚓养殖场	19 元
15655	猪场兽药使用与猪病防治技术	29.8 元
15491	大棚高效养殖肉鸡实用技术	22 元
15136	大棚高效养殖肉鸭实用技术	20 元
14923	肉羊养殖新技术	28 元
14544	种猪选育与饲养管理技术	38 元
14641	家禽病毒病的临床诊断与防治	18 元
14065	肉狗安全高效生产技术	25 元
14020	种草养猪手册	25 元
14010	肉鸽安全高效生产技术	25 元
13966	肉牛安全高效生产技术	25 元
13678	兽医临床病原微生物诊断技术及图谱	28 元
14014	羊安全高效生产技术	25 元
13861	蛋鸭安全高效生产技术	25 元
13860	种草养鹅手册	25 元
13841	兔安全高效生产技术	23 元
13800	蜈蚣高效养殖技术一本通	16 元
13797	鸭鹅科学安全用药指南	22 元
13790	肉鸭安全高效生产技术	25 元
13789	蛋鸡安全高效生产技术	25 元
13787	标准化规模养羊技术与模式	28 元
13783	猪安全高效生产技术	25 元
13727	珍禽科学安全用药指南	27 元
13717	兔病误诊误治与纠误	25 元
13840	鹅安全高效生产技术	23 元

书号	书名	定价
13838	肉鸡安全高效生产技术	25 元
13788	商品肉鸡常见病防治技术	24 元
13736	种草养兔手册	22 元
13731	鸡病诊治彩色图谱	120 元
13728	猪病速诊快治技术	25 元
13726	猪病误诊误治与纠误	27 元
13621	养鸡科学安全用药指南	25 元
13601	养羊科学安全用药指南	26 元
13600	养猪科学安全用药指南	25 元
13599	养牛科学安全用药指南	26 元
13536	蚯蚓高效养殖有问必答	16 元
13292	兽药手册（第二版）	120 元
13622	养兔科学安全用药指南	25 元
13454	林地生态养鸡实用技术	23 元
13453	林地生态养鸭实用技术	22 元
13353	科学自配羊饲料	20 元
13174	蚂蚁高效养殖技术一本通	15 元
13219	实用兽药制剂技术	25 元
13184	林地生态养鹅实用技术	19.8 元
13173	土鳖虫高效养殖有问必答	16 元
13172	怎样科学办好牛蛙养殖场	18 元
13135	怎样科学办好山鸡养殖场	18 元
12984	鸭鹅病速诊快治技术	15 元
12781	牛羊病速诊快治技术	18 元
12914	鹌鹑高效养殖技术一本通	18 元

书号	书名	定价
12827	黄粉虫高效养殖有问必答	15 元
12746	经济虫类高效饲养技术	19 元

如有购书和出版需要，请与责任编辑联系。

联系电话：010-64519439。E-mail：pam198@126.com。